So
Easy !

make things

simple and enjoyable

太雅生活館

生活技能 017

開始擁有室內小花園

作者⊙榮　亮　攝影⊙王耀賢

太雅生活館

So Easy

一切就要開始發生……

開始玩居家　　　　　盆栽

開始　　　在家煮咖啡

開始旅行　　　　說英文

開始隨身帶　　數位相機…

延伸生活的樂趣，
來自我們開始的探索與學習，
畢竟生活大師不是天生的，只是很喜歡嘗新罷了。
這是一系列結合自己動手與品味概念的生活技能書，
完全從讀者的實用角度出發，
希望以一目了然、輕鬆閱讀的圖像編輯方式，
讓你有信心成為真正懂得生活的人，
跟著Step by step，生活技能So Easy ！

做一個專屬自己的 室內小花園吧！

想像每天待在生機盎然的花園旁，
看看書、喝喝茶，
或是邊上班邊收盡眼底的綠意？
只要家裡有一方小空間，將幾個盆栽重組、與雜貨搭配，
就可以創造出個人風格的小花園！

不過，有些觀念還是得先有，你必須了解生命是有期限的，
不可能要求種一盆花，就要它永遠盛開，
也不可能組合一盆盆栽，就想要它永遠不長大、不變形。
植物是有生命的，會盛開、會枯萎，
當燦爛時間過去、枯萎了，就要學習接受汰舊換新這件事。
反過來想，只要每3個月動手更新你的小花園，
不時都可以發揮創意、運用家裡所有看似平凡的容器，
順便整理家中角落、變成一座盛開的小花園，
幸福地享受養花蒔草的悠閒興味，
如此容易得到的幸福，何等美妙？

主編 張敏慧

生活與自然的美妙結合

美國密蘇里大學園藝碩士
綠蔭走廊園藝有限公司 經理
美國Good Earth & Thing Inc. 店長
美國Clark Flowerland Inc. 花藝設計師
美國Gordon Boswell Inc. 花藝設計師
美國Phillip's Flower Inc. 花藝設計師

　　當總編芳玲和主編敏慧邀我出書時，我欣然答應，一方面因她們兩位也非常喜愛植物，再則自己從事園藝工作多年，希望能把栽培植物的樂趣與更多人分享，讓大自然的綠意能更深入到生活環境中。

　　這本書雖以室內小花園為主題，但對小花園的定義，則有不同於以往的詮釋。時代不斷變遷，居家環境也隨之而變，由早期的獨門獨戶、到今日的高樓公寓，對多數人而言，生活空間已相對地受到更多的限制。但人類的創意無窮，擁有室內小花園並非遙不可及的夢想。這本書介紹了八個單一的小花園設計及七個以區塊為主軸的小花園設計，每一個設計皆有詳細的設計過程說明與圖解，讓大家按步就班地完成，並且對花園的照顧也提供務實又詳盡的解說。只要弄清楚自己的需求、掌握周全的資訊與工具材料，就可以開始動手讓自己也能擁有一個室內小花園。

　　做完這本書深切了解到，雖只是一本一百多頁的小書，卻是匯集大家的專業與努力才得以完成的。首先謝謝總編芳玲給我這個機會，來傳遞自己對植物的熱愛。也真的很感謝主編敏慧，因為我發現她不僅做事細心周全，還兼具著對植物的一份感性，經由她這份感性讓文字的敘述更貼切的傳達小花園的創意與概念。由衷感謝攝影師王耀賢先生精湛的攝影技術，讓小花園最美好的一面呈現在大家的眼前。在製作過程中綠蔭走廊園藝與台和園藝熱心贊助，提供多款設計材料，銘感於心。此外更要謝謝玫瑰花推廣中心的賴惠美董事長，對我出書的支持與協助，讓我借用她的玫瑰心齋做為拍攝景點，成就多幅美麗的小花園設計。這段期間身邊的家人與朋友也時時關心我的出書進展，讓我覺得這是一件很有意義與成就的事情。大家同心協力完成一本書對我來說，是個美好又值得回憶的經驗。謝謝大家！

榮 亮

編者群像

總編輯◎張芳玲

自太雅生活館出版社成立至今，一直擔任總編輯的職務。跨書籍與雜誌兩個領域，是個企畫與編輯實務的老將；這位熱愛生命、生活、工作的職場女性，曾經將豐富有趣的生命故事記錄在《今天不上班》、《女人卡位戰》兩本著作裡面。

（攝影／David Hartung）

書系主編◎張敏慧

從第一份工作開始就一直從事編輯工作，範圍從電影、美食到房屋雜誌都玩過，現在在太雅生活館裡持續吃喝玩樂中。常窩在家裡不出門，一出門就沒完沒了地到處跑，走完全沒有走過的路。牆頭野花、上次問路的檳榔攤都是路標，一切好玩就好！

企宣主編◎呂增娣

喜歡寫、更愛編，買書快過買衣服，遇到好書絕不手軟，家裡書櫃永遠比衣櫃大。喜歡旅行，更愛流浪，希望一年有360天可以出國玩耍。擺過地攤，做過廣告，現在以出版為終身志業。曾任旅遊雜誌記者，現為太雅海外旅遊書系主編及媒體宣傳。

作者◎榮　亮

小時家住台南，母親總是樂此不疲地在院子裡種花種樹。長大後選擇園藝系就讀，並在美國完成園藝碩士學位。旅居美國時，最喜歡做的事，就是帶女兒到公園和植物園，欣賞四季美麗的變化。回台後主要從事組合盆栽與環境綠化的設計。期望大家能對玩植物有更多的參與，動手做做，一定會越來越喜歡與紅花綠葉為伍的。

攝影◎王耀賢

從事攝影工作6年，擁有一間自己的攝影工作室，拍攝類型含括人物、空間、商品、店家、食物等等，作品發表見於各流行、美食類型雜誌及書籍。

美術設計◎許志忠

從事平面美術設計的工作已經十多年了，從古早的「手工業」做到現在的「電腦業」，從「朝九晚五」做到現在的「日夜顛倒」。目前是自由自在的個人工作者，時間自己調配、工作自己挑選，靠著快捷郵件、宅配、電話、傳真、網路、email……過著足不出戶的生活。

感謝贊助◎綠蔭走廊・台和園藝・賴惠美女士

開始擁有室內小花園

So Easy 017

作　者	榮　亮
攝　影	王耀賢

總 編 輯	張芳玲
企宣主編	呂增娣
書系主編	張敏慧
美術設計	許志忠

TEL：(02)2880-7556　FAX：(02)2882-1026
E-MAIL：taiya@morningstar.com.tw
郵政信箱：台北市郵政53-1291號信箱
網頁：http://www.morningstar.com.tw

發 行 人	洪榮勵
發 行 所	太雅出版有限公司
	台北市111劍潭路13號2樓
	行政院新聞局局版台業字第五○○四號
印　　製	知文企業（股）公司 台中市工業區30路1號
	TEL: (04)2358-1803
總 經 銷	知己圖書股份有限公司
	台北分公司 台北市羅斯福路二段79號4樓之9
	TEL: (02)2367-2044　FAX: (02)2363-5741
	台中分公司 台中市工業區30路1號
	TEL: (04)2359-5819　FAX: (04)2359-5493

郵政劃撥	15060393
戶　　名	知己圖書股份有限公司
初　　版	西元2004年5月1日
定　　價	250元（特價199元）

（本書如有破損或缺頁，請寄回本公司發行部更換，或撥讀者服務專線04-23595819）

ISBN　986-7456-03-3
Published by TAIYA publishing Co.,Ltd.
Printed in Taiwan

國家圖書館出版品預行編目資料

開始擁有室內小花園／榮亮 示範；王耀賢 攝影
　　——初版. ——臺北市：太雅，2004 [民93]
　　　面：　公分. ——（生活技能；017）So Easy：017）

　　ISBN 986-7456-03-3（平裝）

　　1.庭園–設計　2. 造園　3.園藝

435.72　　　　　　　　　　　　　93006205

目錄 CONTENTS

14 10個擁有室內小花園的條件

1.陽光，2.空氣，3.水分，4.園丁，5.空間
6.沒有搗蛋鬼，7.渴望來個室內大搬風，8.下班後放輕鬆拋煩惱
9.喜歡別人的讚美，10.滿足被需要的感覺。

16 佈置小花園的祕訣

Step 1　決定你想要的花園風格
Step 2　把最好的陽光給植物吧
Step 3　雜貨與花園的結合美學
Step 4　累積經驗，多做幾次會更好
Step 5　了解園藝基本知識

20 園藝基本功

21 **基本園藝工具**：澆水壺 • 剪刀 • 鏟子
22 **室內植物的澆水方式**：澆灌式 • 噴霧式 • 浸吸式
23 **栽培介質**：土壤 • 無土介質
24 **施肥**：依施肥時機分 • 依製造原料分 • 依肥效期間分
25 **病蟲害防治**：糖醋精 • 薰衣草精 • 靈香草精 • 螞蟻98膏

How to use

如何使用本書 ·······················

本書從「10個創造室內小花園的條件」、「佈置花園的秘訣」,到「園藝基本功」等照顧植物的先備知識教授,並示範了8種單盆小花園、7種角落花園,有詳細的材料準備、製作概念以及step by step的操作示範,讓你跟著做就能完成小花園。還特別製作「植物介紹」標明書中所有植物,針對每個植物不同需求,甚至是特別照顧等注意事項,全都條列清楚,讓你能長久擁有這個小花園!

全書分成**3**大部分

【第一部份】照顧植物的先備知識

- **10個可以創造出室內小花園的條件**

  1.陽光,2.空氣,3.水分,4.園丁,5.有位置放植物;6.沒有搗蛋鬼,7.渴望來個室內大搬風,8.下班後放輕鬆拋煩惱,9.喜歡人家讚美:「你家好舒服喔」,10.滿足被需要的感覺。只要前5個必要條件符合以後,再符合一個條件,就可以開始動手佈置自己的室內小花園啦!

- **個人花園佈置秘訣**

  Step 1決定風格,Step 2靠近陽光,Step 3結合雜貨,Step 4多做幾次,Step 5吸收知識

- **園藝基本功**

  再簡單的東西,還是得先做些功課,了解一些基本技巧,這樣實際做起來會更順手,從中獲得的樂趣與成就感,會讓你滿足。需要做的功課有:認識基本園藝工具、怎麼澆水?最有效的施肥方法、不同土壤的不同功能,以及植物生病了怎麼辦等等。

【第二部份】動手佈置小花園

- **Part 1:1盆小花園**

  多種植物種在單一盆器內,用不同的容器、示範不同的主題盆景,只要有50x50公分大小的地方就可以完成喔!另外如材料的組合與環境的應用等等,取材也要聰明,有的就不適合。

  【示範作品】簡約之美•閃亮時光•悠雅風華•綠野仙蹤•藍色風情•玻離花房•玻璃中的沙漠世界•蛋糕盒中的鄉村花園

- **Part 2:角落小花園**

  多種單一盆栽集中擺置,呈現色彩、質感或主題氣氛,佈置出家中的角落花園,除了市面上的花架,書櫃、壁架都是很好的花架選擇。

  【示範作品】飛舞的空間•與下午茶有約•別有洞天的茶几•白紗簾後的密秘•壁架上的綠點子•辦公室內的鮮綠主張•書櫃上的另類花園

【第三部份】植物介紹

列出所有植物做詳細介紹,有植物的科別、別名、英文名以及產地,讓你可以吸收專門的學問,還詳細講解每個植物不同的需求,不管是需要的水、日照、生長溫度、土壤等,甚至是特別照顧等注意事項,全都條列清楚。

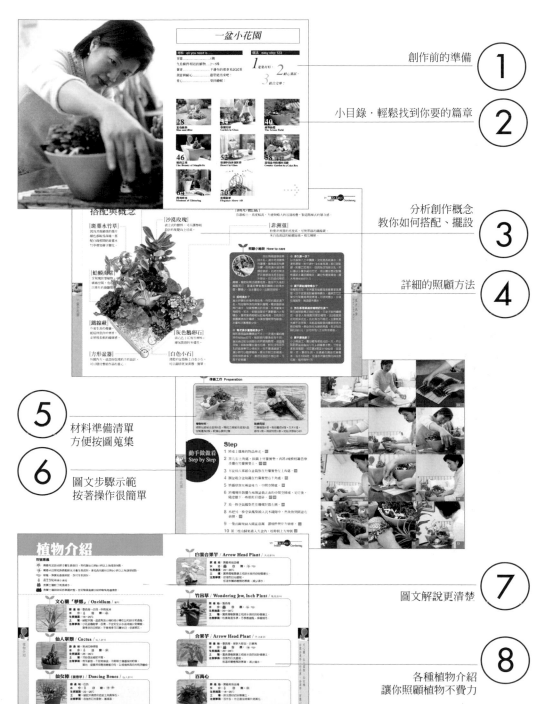

創作前的準備 ①

小目錄，輕鬆找到你要的篇章 ②

分析創作概念
教你如何搭配、擺設 ③

詳細的照顧方法 ④

⑤ 材料準備清單
方便按圖蒐集

⑥ 圖文步驟示範
按著操作很簡單

圖文解說更清楚 ⑦

⑧ 各種植物介紹
讓你照顧植物不費力

10個可以創造室內小花園的條件

條件 **1** 陽光   條件 **6** 沒有搗蛋鬼

條件 **2** 空氣   條件 **7** 渴望來個室內大搬風

條件 **3** 水分   條件 **8** 下班後放輕鬆拋煩惱

條件 **4** 園丁   條件 **9** 喜歡別人的讚美

條件 **5** 空間   條件 **10** 滿足被需要的感覺

＊除1～5為必要條件外，只要再符合一個條件，就可以開始動手佈置自己的室內小花園啦！

 陽光

植物需要陽光進行光合作用，才能茁壯生長，室內往往因採光條件不同，進而影響植物的生長狀況。只要室內有光源，不論是直射光、散射光或人工照明的輔助，就符合擁有一個室內小花園的第一個條件了。不同類型的植物可適應不同的室內光源，只要慎選植物，就有成功的機會！

1

 空氣

植物除了需要氧氣進行呼吸作用，更應注意室內通風和空氣對流的問題，以減少病蟲害的發生，尤其在夏日高溫多溼時。有了流通的空氣，就符合擁有一個室內小花園的第二個條件了。

2

 水分

生命的起源，來自於水。人沒有水就不能活，同樣植物缺水，也很快就會跟主人說Bye-bye。室內植物少則1周需澆水1次，多則1周需澆水2～3次，若能不忘自己身負澆水的重任、並留意各植物的需水量，就符合擁有一個室內小花園的第三個條件了。

3

 園丁

養植物就像養寵物，若常出差旅遊，又無法找到植物褓姆時，就會面臨照顧上的問題。其實園丁的門檻不高，只要每周抽出2次時間，每次約30分鐘左右，為花草兒澆水、施肥、修剪一下，捻花惹草、怡情養性，自有樂趣。若能當個好園丁，就符合擁有一個室內小花園的第四個條件了。

4

開始擁有室內小花園

空間

　　既然是個室內小花園，就不需要大空間，只要50x50公分的面積，就可以創造出一個室內小花園。只要一個小小的空間，就符合擁有一個室內小花園的第五個條件了。是不是心中充滿希望，很想趕快開始動手佈置呢！

5

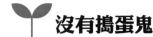

沒有搗蛋鬼

　　家中若有飼養貓狗、或尚有稚齡幼童，室內小花園的設計就得多一點考量。植物的擺設地點不宜過低，以防貓狗打翻植栽或幼兒不愼觸摸拉扯引發意外。除此之外就符合擁有一個室內小花園的第六個條件了。

6

渴望來個大搬風

　　一成不變的室內擺設，總有看煩的時候，除了重新裝潢，還可借助植物讓房間煥然一新，卻無需花費太多的預算。有了這種渴望，就符合擁有一個室內小花園的第七個條件了。

7

下班後放輕鬆拋煩惱

　　繁忙的工作和緊張的都會生活步調，讓人倍感身心疲乏？若能爲自己佈置一個溫馨小窩，回到家後徜徉在自己創造的室內小花園中，讓滿室的綠意生機爲你重新充電，把辦公室內的緊張壓力全拋到九霄雲外，好不輕鬆。有了這樣的訴求就符合擁有一個室內小花園的第八個條件了。

8

喜歡別人的讚美

　　當親朋好友來訪時，面露羨慕的眼神、對你的室內小花園讚嘆不已，是不是覺得飄飄然、非常有成就感呢？如果喜歡常常保有這種快樂，就符合擁有室內小花園的第九個條件了。

9

滿足被需要的感覺

　　喜歡被需要的感覺嗎？照顧植物絕對能滿足這份需求。一花一草在你的細心照料下慢慢茁壯、欣欣向榮地成長，除了爲自己的功勞感到驕傲，也替這些植物感到高興。有了這份感覺，就符合擁有一個室內小花園的第十個條件了。

10

10個可以創造室內小花園的條件

個人小花園佈置祕訣

Step **1** 決定風格
Step **2** 空出陽光
Step **3** 結合雜貨
Step **4** 多做幾次
Step **5** 吸收知識

決定你想要的花園風格

個人花園的佈置著重風格，風格的選擇亦因個人品味，栽植經驗、生活作習，居家環境有所不同。

仙人掌

如果你很忙：請選擇懶人植物

適合植物：耐旱植物為主，無需多花精神與時間，仍可享受綠色生活空間。仙人掌、多肉植物都很適合。

盆器搭配：依搭配盆器配件不同，呈現出陽剛、異國風情或休閒風格。

園藝資淺者：可以試試友善植物

適合植物：以易養植的觀葉植物為重心，如黃金葛、粗勒草、蔓綠絨、星點木、椒草、毬蘭、合果芋、冷水花、蝦蟆草、虎耳草等，較易獲得成功的經驗與技巧。

黃金葛

盆器搭配：搭配藤器或素燒瓦盆，最能展現簡單的自然美感，在室內亦能感受大自然氣息。

深厚園藝根基者：挑戰細緻型的植物吧！

適合植物：可嘗試難度較高的植物，這類植物通常外形與質感較為細緻、吸引人，但照顧上需更多的經驗與技巧。典型的代表植物有黃金捲柏、鐵線蕨、藍草類、薜荔、雪荔等。

蛤蟆海棠

盆器搭配：植物經由不同組合栽植，可做多樣式的變化、以配合居家整體的佈置。

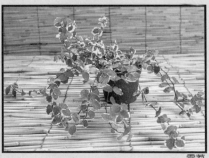

雪荔

風格

把最好的陽光給植物吧

　　就算真的挪不出陽光，也請記得幫你的小花園架個人造太陽喔！

一定要有光，人工自然都可以

　　選出採光最好的一角、一面讓植物進駐，因為好的光線可以事半功倍，植物欣欣向榮生機不息。如果明亮的自然採光無法達成，則需借助人工照明來補強不足的光度。可選用植物照明專用燈，達成理想的生長效果。為整體設計美感，人工照明的燈飾選擇，亦應做整體考量來搭配。若小花園主體以仙人掌、多肉類植物為主，燈飾則以展現自然風味或現代質感者為佳，不宜搭配古典風格或太過花俏華麗的燈飾。

有小面積放植物即可

　　若室內空間有限時，則可設計由單一體積較小的盆栽，群聚組合成為一個迷你的室內小花園。或藉由壁架空間創造室內小花園，並不會影響原有空間。

雜貨與花園的結合美學

　　就地取材，相框、保麗龍盒、燭臺或是小玩偶，都是創造小花園的道具喔！

就地取材

　　風格確定後，盆器、裝飾配件及使用工具亦為重要的佈置因素。除了可以到外面採購，建議先從自己家中動動腦、找找看，一定會很驚喜地發現身邊就有許多東西可以運用，書中示範許多家用物品，甚至還有蛋糕盒蓋。只要多一份心，就能創造出不同凡響的室內小花園。除了儘量就地取材，亦可運用相片、畫框、燭台或特殊的紀念收藏品搭配佈置，別具意義。

真花＋假花

　　多數開花植物皆需充足的全日照才能持續開花，但是室內小花園無法長期享有開花植物的繽紛色彩，而人造材質的花卉製品則為另一個可善用的資材，無需介意真假植物並存，只要整體搭配得宜，就是一個美麗的室內小花園！

多做幾次會更好

　　只要是用心做出來的，都是好作品，花開花謝，只是讓你有再一次發展新作品的機會，不要太自責。

慢慢累積經驗不要怕

　　佈置室內小花園是件美麗的事，心情應是輕鬆又愉快。即使是一個新手，也要以一種輕鬆與享受的心情去面對這份新嘗試。不要怕做錯步驟或猶豫不決，養植物是需要逐漸累積經驗的，由簡單的開始，逐步進展，只要持續以細心和愛心照顧小花園，日後一定可以成為一位園藝高手，並由其中得到無比的樂趣。

植物終有死亡的一天

　　有些人唯恐把植物養死了，因而不願嘗試接觸園藝，一花一草皆有它的生命價值，固然應與予尊重，然而植物有美化居家空間的功能，需要更新替換以維持花園的造型與品質。當植物已老化凋零或感染病蟲害時應該汰舊換新，這亦是大自然的定律之一，我們要以輕鬆的心情看待這個事實。

 ## 了解園藝基本知識

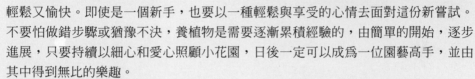

　　工欲善其事，必先利其器。開始著手佈置室內小花園前，應先認知基本園藝知識，才能正確地把每一個步驟做好，養出美麗健康的植物，享受室內小花園的樂趣。

陽光・結合雜貨・練習・充實基本知識

園藝基本功

再簡單的東西，還是得先做功課，了解一些基本技巧，
這樣實際做起來會更順手，從中獲得的樂趣與成就感，會讓你更滿足！

功課 **1** 基本園藝工具：澆水壺・剪刀・鏟子
功課 **2** 室內植物的澆水方式
功課 **3** 栽培介質
功課 **4** 最有效的施肥方法
功課 **5** 植物生病了怎麼辦？

功課 1

基本園藝工具

最好的園藝工具，就是自己的一雙手，
此外你只需少數幾樣基本工具，就足夠做室內小花園囉！

【澆水壺】

選用細嘴長頸的款式較實用，有蓮蓬頭的比較不適用於室內盆栽，因爲水量過大，不好控制。

【噴水壺】

植物不多時，一般小型噴水壺即可達成噴霧或清潔葉面的任務。植物較多或需經常噴霧時，則以氣壓式噴壺效果較佳，而且省時省力。

【剪刀】

修剪老化、病害枝葉用，也可以用來把植物分成一小株。園藝專用的剪刀較耐用，一般的剪刀修剪一次枝幹比較硬的，刀刃就會缺角、壞掉了吧！

【鏟子】

移植植物時，若土球太緊不易取出，則需以鏟子協助鬆動土球，切勿硬拉，以免傷根。

基本園藝工具

功課 2
室內植物的澆水方式

該整株植物澆水，還是只在葉面噴水？
有的植物葉子不能碰到水？正確地澆水，是門學問喔！

園藝基本功

【澆灌式】
道具：細嘴長頸澆水壺 / **適用對象**：葉面怕水的植物

以細嘴長頸澆水壺將水緩緩注入土面。適用於一般葉片大、植株健壯的觀葉植物，或葉面與葉心部位怕溼積水、易造成腐爛的植物，例如黃金葛、非洲菫、大岩桐、仙客來等。

【噴霧式】
道具：噴霧式噴水壺 / **適用對象**：喜歡潮濕環境的植物

以噴水壺將出水量調至適量，採少量多餐的給水方式進行葉面噴水，保持植株濕度。適用於葉片較薄、較細緻，喜愛高濕度的植物。經常噴霧的葉片，較為翠綠，夏季時還有降低葉片溫度的效果，例如鐵線蕨、黃金捲柏、薜荔、雪荔、網紋草、藍草等。

【浸吸式】
道具：水盆
適用對象：泥炭土的盆栽，還有緊急狀況時必要手段！

適用於以泥炭土為栽培介質的小盆栽，因泥炭土一旦乾透後，不易再快速吸水，此時應將泥炭土浸泡入水中，讓它緩緩吸水，恢復溼潤。吸飽後再將盆內多餘水分倒出，例如長春藤、薜荔、雪荔等。

T I P S

若數日忘記澆水，植物葉片已變軟下垂、或部分乾枯脫落，亦可採用此法浸泡，讓植株慢慢恢復。盆下還墊有底盤者，澆水後應將底盤積水倒掉，若底盤積水，不利環境衛生，怕滋生蚊蚋。

功課 3

栽培介質

植物，喜好生長在排水性好、通氣性強，
保水、保肥性佳的栽培介質。栽培介質可分為土壤與無土介質。

培養土

【土壤】

土壤種類因地理環境不同而有所差異，但以砂質土壤最適
宜栽培。目前市面上售有已調配好的培養土，適用於多數
植物的栽植，非常方便。唯選購時應查看包裝說明，是否
已經消毒。

【無土介質】

完全無土壤混入其中，一般園藝栽培所使用的介質
有泥炭土、水苔、蛇木、發泡煉石、真珠石、蛭石
等。非土壤介質除了可供種植外，也可做為表土覆
蓋的材料，達到美觀與清潔的功
用。一般可用材料有松木
皮、粗粒發泡煉石、細粒
發泡煉石，此外，貝殼
砂、彩色細石、花崗細
石等也是理想選材。

粗發泡煉石

松木皮

培養土

細發泡煉石

室內植物的澆水方式‧栽培介質

功課 4

有效的施肥方法

植物最需要的營養3要素：氮(N)、磷(P)、鉀(K)。

氮肥：又稱葉肥，促進蛋白質與葉綠素的生成。

磷肥：又稱花果肥，促進根的伸長與開花結果。

鉀肥：又稱根肥，促進酵素活動，強化植物體纖維質，
　　　並能調節氣孔關閉影響植物的蒸散作用。

另有次要元素鎂(Mg)、鈣(Ca)、硫(S)，及微量元素錳、硼、鐵、鋅、銅、鉬等，皆為植物生長所需成分。因此在有限的盆土中，需要定期施肥，補充不足的養分。

好康多

濃縮液花寶

花寶棒

速效花寶

養花的人往往被基肥、追肥、速效肥、緩效肥、有機肥等各種肥料名詞弄得混淆不清。其實這些名詞皆是依肥料的施肥時機、化學成分、肥效時間來區分肥料的性質。

❀ 依施肥時機分：追肥‧基肥

當植物定植或換盆時，將肥料混入培養介質中，可供應植物生長期間最基本的養分，防止缺肥所引起的生長受阻，例如好康多、魔肥等。

❀ 依製造原料分：化學肥‧有機肥

化學肥是以化學方法合成的肥料，能同時控制施肥效果。現行的化學肥大都具有安全、無臭、清潔、長效性的優點。有機肥則以植物(油柏)或動物(骨粉、魚精、雞糞)為原料製造而成的。它能改善土壤的物理性，如含水性、通氣性等優點，但因需經過分解過程後，才能被植物吸收，效果緩慢，還會發出臭味，不適宜室內栽培時使用。

❀ 依肥效期間分：速效肥‧長效肥‧遲效肥

依肥料釋肥方式和肥效期間區分，可分為3類型。

【速效肥】施用後立即發生效用，肥效顯著，適合做為追肥，需定期施用。例如速效花寶、濃縮液體花寶。

園藝基本功

【長效肥】施用後短期內即可發生效用，並且能持續長時間肥效，適合做爲基肥或追肥。例如花寶棒、魔肥、好康多。

【遲效肥】施用後尚待分解，肥效遲緩，雖然肥效期間較長，但肥性較爲不足。一般有機肥皆屬此類肥料。這類肥料分解時也同時改善土質，適合做爲基肥。

長效肥

功課 5
植物生病了怎麼辦？

室內植物往往因通風不良或高溫多溼，而引發由蟲類或細菌病毒侵襲的病害。發現病蟲害時應立即剪除病株感染部位，並移置它處，以避免傳染。若感染嚴重，應將病株丟棄。

　　植物的病蟲害可由藥物來預防或控制，可優先考慮生物防治藥劑，對環境與植物衝擊較小，有下列產品可供參考：

【糖醋精】

適用對象：黴菌類病原
使用方法：取5cc加水1500cc均勻噴灑於感染的葉面及葉背部(連續3天)，平日預防可每2周澆用1次。

- - - - - - - - - - - -

天然食品製成的病菌抑制劑，不含任何農藥成分、無藥害顧慮，可用於疫病、菌類、灰黴病、白粉病、露菌病的防治。

【薰衣草精】

適用對象：趨趕害蟲
使用方法：取5cc加水1500cc均勻噴灑於感染的葉面及葉背部(連續3天)，平日預防可每2周澆用1次。

- - - - - - - - - - - -

非農藥的驅蟲劑，無藥害顧慮，可用於家庭及有機栽培。可用於紅蜘蛛、蚜蟲、毛毛蟲、果實蠅的防治。

【靈香草精】

適用對象：趕蚊子用的
使用方法：取5cc加水1500cc，每14天施用1次。

天然避蚊劑，用於水栽植物或水池，避免登革熱等病媒蚊。非農藥，居家使用很安全，不影響蜜蜂及魚類，以水爲基質，不含任何有機溶劑，能自動增加植物本身的抵抗力。

【螞蟻98膏】
適用對象：可以殺死螞蟻
使用方法：直接塗抹在出沒地點

紅藻、糖蜜及其他添加物研製成粉末狀之驅蟻劑，直接塗抹或灑布於螞蟻經過的路徑及巢穴附近。適用於住屋及辦公室。

Note
倘若病情已蔓延開來，則需施用農藥來控制病況。可到專業的園藝店購買所需藥物，針對病況施用。

有效的施肥方法‧植物生病了怎麼辦？

一盆小花園

材料 all you need is......

容器.............................1個
生長條件相近的植物.....2～5株
雜貨.............................手邊有的都拿來試試看
創意與耐心..................儘管使出來吧！
愛心.............................要持續喔！

做法 easy step 123

1 蒐集材料，

2 耐心嘗試，

3 組合完畢！

藍色風情
Blue and Blue

設 計 理 念
Design Philosophy

大自然中的植物萬紫千紅、五彩繽紛，
唯少見那淡淡的一抹藍。
腦筋一閃，想到家中有個淡藍色的沙拉碗，
還有個粉藍的小磁盆，好久沒派上用場了！
兩個盆器送做堆，
那就來做個BLUE & BLUE的組合盆栽吧！
說到藍就想到紫，看到紫就會想到粉紫，
但兩個藍色的盆子只配些深綠淺綠的植物，
那就太乏味了。
這時紫色和粉紫的非洲菫，是最好的選擇。
開花植物大都須要全日照才能開的繽紛炫麗，
高樓公寓裡，室內採光就有所限制，
想觀賞到美麗的開花植物，
非洲菫絕對是第一的選擇！

搭配與概念

[斑葉水竹草]
因為其他植株的葉片
顏色都較為深綠，搭
配白綠相間的斑葉水
竹草增加層次變化。

[沙漠玫瑰]
直立式的植株，可以讓整組
設計的視覺向上拉高。

[蛤蟆海棠]
呈現塊狀型植物，可以
填補空間，也可以表現
出葉片的捲皺質感。

[鐵線蕨]
仆匐生長的蔓藤，
能延伸設計的寬度，
並展現柔軟的線條感。

[灰色鵝卵石]
與白色小石相互輝映，
增加質感的多樣性。

[方形盆器]
外圓內方，底部採低矮的方形設計，
可以穩住整組作品的重心。

[白色小石]
淺藍的盆器鋪上白色小石，
可以顯得更加素雅、簡單。

一盆小花園

[圓形磁盆]

容器較小、高度較高，方便與略大的容器相疊，製造階梯式的層次感。

[非洲董]

粉紫非洲董的亮度高，可與翠綠的鐵線蕨、
米白色斑紋的蛤蟆海棠，相互輝映。

照顧小祕訣 How to care

由於兩個盆器皆無排水孔，澆水時須要格外謹慎。雖兩盆各有瀝水層，但若澆水過多累積在底部，此時也無法把花器倒過來將多餘的水排出，反而造成根部腐爛，植物則無法健康成長，甚至不久後即面臨死亡。建議初學者應採購較小的澆水壺，體積小、出水量也小，比較好控制。

● 如何澆水？
澆水時要針對植株個別澆，由莖的基部澆下去。有些植株須先將葉片撥開，看到基部後再行澆水，切莫整體式的洗頭。非洲董葉片有絨毛，怕水，蛤蟆海棠也不喜歡葉片上有積水，應將葉柄輕輕抬起後再澆，否則易引發露菌病或灰霉病。沙漠玫瑰耐旱性較強，水量和次數應較少些。

● 每次澆水量應給多少？
由於兩個盆器體積並不大，一次澆水量約維持在500cc即可，惟因室內環境各有不同，還是請您耐心加愛心地照顧與觀察，過個幾次後，自能揣摩出澆水心得。對於沒有排水孔的盆器寧可少澆些水，也不要澆過頭了，澆少時可以觀察植株，情況不對立即補澆，否則倘若澆多了、要把多餘的水倒出來，可就不容易囉！

● 多久澆一次？
以手指伸入土中觸摸，決定是否該澆水。若還有濕度，則可過1～2天後再澆，若已經乾硬，則應立即澆水。但因為沒有排水孔，所以請以少量多餐的方式、或以噴水竹草針對植株基部土壤多噴幾次，讓它恢復溼潤後，隔天再補充些許水分。

● 要不要給植物噴水？
視植物而定。非洲董及蛤蟆海棠雖喜愛高濕度，但不宜直接對著植株噴水；鐵線蕨和斑葉水竹草喜高濕度環境，可時常噴水；沙漠玫瑰耐旱，無須額外噴水。

● 放在那裡最適合植物的生長？
開花植物皆需足夠的光度，花朵才能持續開放。很多人發現買回家的植物，沒2個星期花兒就掉光光，從此再也不開花，主要就是光線不足所致。本組盆栽皆選用喜愛明亮光線的植物，務必放在光線明亮處，若沒有足夠的自然光，也可採用人工光照來補強。

● 要不要施肥？
小小兩盆土，養分總有被吸光的一天，所以施肥是盆栽植物不可少的重要步驟。可施用速效液態肥，如花寶4號溶水1000倍，促進根、莖、葉的生長，及濃縮花寶盆花營養液，溶水1000倍，促進非洲董的開花與加長花期。每月施用1次。

藍色風情
Blue and Blue

準備工作 Preparation

植物材料：
紫花、粉紫花非洲菫各1盆・斑葉水竹草1盆
沙漠玫瑰1盆・蛤蟆海棠1盆
鐵線蕨1盆 (皆採用3.5吋盆裝)

使用工具：
剪刀・手1雙・澆水壺

選用盆器：
淺藍方形缽 (22公分 x 22公分 x 10公分)
淺藍圓形磁盆 (直徑14公分，高15公分)

栽培介質：
粗粒發泡煉石・培養土

表土覆蓋用材：
細粒發泡煉石・白色小石・細粒鵝卵石

動手做做看
Step by Step

01 將方盆擺成菱形角度，粗粒發泡煉石倒入盆中，至1/4高處，做成一道瀝水層。

02 再於方盆後方角落處加入粗粒發泡煉石，堆高至離盆緣2公分處，此為置圓盆處。

03 方盆內填入培養土，約1.5公分厚度。（因小品植物土球高度約5～5.5公分，故要留足夠的種植空間，否則土球突出盆緣，易造成澆水外流、弄濕桌面）

04 圓盆放入方盆堆高角落處，填入粗粒發泡煉石，至1/4高處，做一道瀝水層。

圓盆內填入培養土，約4.5公分厚度(道理同3)。 **05**

06

小盆栽均由盆中取出，沙漠玫瑰植入圓盆後方，紫花非州菫置於圓盆前右方，再把斑葉水竹草植入圓盆前左方，使3株植物形成一個三角形。

07

再把鐵線蕨植入方盆左角，蛤蟆海棠植於鐵線蕨旁邊，淡紫花非洲菫則植入方盆右角。此時植物皆已定位，方盆正前角則爲空出的空間。

08

植株之間的空隙以培養土填實，葉片較多的植物應將葉片先抬起、再填土。

輕輕抬起方盆震動幾下，以確實將空隙填實，並以剪刀修剪多餘或折傷的枝葉。

09

藍色風情
Blue and Blue

完成！

10

以細粒發泡煉石覆蓋表土後，將白色小石和細粒鵝卵石鋪在方盆正前角、側邊及後方空白處，勿露出土面。將白色小石鋪滿圓盆土面，來襯托出植物的色澤。

玻璃花房
Garden in Glass

玻璃花房的引人之處，在於植物
被玻璃包圍著、自成一個植物世界。
白蘭地酒杯、玻璃沙拉碗、大酒瓶、還是魚缸，
都可拿來設計玻璃花房。
本組合設計採用玻璃梨子來完成一個小小花園，
這樣的玻璃花房，帶給人幻想空間，
當你想要舒緩情緒時，
除了可以看看魚缸、感覺魚兒的悠游自在
與無拘無束，亦可欣賞玻璃花房
讓自己走入愛麗絲的夢遊仙境，
在這花園中漫遊，
幻想著自己縮小成超迷你尺寸，只有一公分高，
穿梭在這些被玻璃包圍的花花草草中，
看看是否也會遇到些美妙又有趣的奇遇呢！

搭配與概念

一盆小花園

[嫣粉蔓]
妝點素雅玻璃世界
的色彩來源。

[貝殼]
打破純植物的表現，
以貝殼來做為裝飾品，是最自然的道具。

[細粒貝殼砂]
覆蓋表層，讓整個作
品顯得潔白、單純。

玻璃梨子

造型特別，高度感夠，向上對流的氣孔，
可以減緩因為植物的旺盛對流、造成玻璃內壁的霧氣產生。

迷你薜荔

迷你尺寸的葉片與有藤蔓效果的枝條，
在玻璃罩內可以纏繞出高度，製造層次感。

嫣白蔓

需要的水分不多，在比較不方便排水的玻璃梨子裡，
是比較好照顧的植物種類。

照顧小祕訣 How to care

● **如何澆水？**
玻璃梨子無排水孔、體積也很小，因此建議使用噴水壺來澆水。對準植株基部噴水，不宜只在植物的頭頂噴幾下，這樣的噴法，植物根部往往無法得到充足的水分，只是表層得到大量的水分。

● **每次澆水量應給多少？**
依使用的噴水壺而定，若用壓力式噴壺則出水量較多，若是一般手擠式噴水壺則需多噴幾次。

● **多久澆一次？**
迷你薜荔、嫣粉蔓、嫣白蔓皆喜好多濕環境，一周可噴水2～3次。

● **放在那裡最適合植物的生長？**
迷你薜荔、嫣粉蔓、嫣白蔓忌強光直射，故不宜放在西曬的窗邊。但也不能放在陰暗處，光線太暗時嫣粉蔓、嫣白蔓葉片上的斑點會退掉，長出的新葉片也只呈現綠色，並且植株會徒長(節間拉長，植株細瘦)。玻璃花房的設計中，植物與器皿有一定的大小比例，當植株生長過高或過寬時需給予修剪，以維持造型美觀。

● **要不要施肥？**
由於容器中土壤有限，經過一段時間後養分漸少，可以利用滴管施加速效液態肥。建議施用濃度較低的花寶1號溶水1000倍，每月施用1次，來保健植物即可。

玻璃花房 Garden in Glass

準備工作 Preparation

 +  +

植物材料：
迷你薜荔・嫣粉蔓・嫣白蔓
各一盆 (皆採用3.5吋盆裝)
裝飾品：
大小貝殼2～3個

選用盆器：
玻璃梨子1個
栽培介質：
粗粒發泡煉石・培養土
表土覆蓋用材：
細粒發泡煉石・細粒貝殼砂

使用工具：
筷子1枝・A4白紙1張
小杓1個・剪刀1隻・噴水壺
一雙手

動手做做看
Step by Step

01
玻璃梨子清洗乾淨，以小杓
將粗粒發泡煉石由前方開口
倒入玻璃梨子中，厚約2公
分，做為瀝水層。

02
以小杓填入一層培養土，厚
約1公分。並輕輕拿起梨
子，輕拍底部使土壤均勻分
布於底層。

03
迷你薜荔由盆中取出，若有
盤根不易取出時，可先以剪
刀柄敲一敲，再捏幾下盆子
後則可輕易取出。

04
由於梨子空間有限、無須使用整株薜荔，可以
用剪刀將它剪為兩半，由底部土壤部分往植株
方向拉開，輕輕拉開，只用一半即可。以同上
步驟將嫣粉蔓及嫣白蔓分為3小株。

一盆小花園

半株薜荔放入梨子中後方右側。

一株嫣粉蔓置於梨子右前方、一株嫣白蔓置於正前方,再取另一株嫣粉蔓置於後方左側。

植物定位後開始以小杓填入培養土,並以手指壓一下表土以確定填土紮實。

因植物已佔據一半空間、而且兩側及後方剩餘空間狹小,必須以紙漏斗來填土比較方便操作。紙漏斗的好處在於可依操作需要改變大小,紙張取得也極為容易。填好土後以筷子伸入瓶中調整枝葉位置。

將細粒發泡煉石覆蓋表土,再撒下細粒貝殼砂。大小貝殼分別置入前方左右兩側。

完成!

以噴水壺清洗沾到土的玻璃壁面,待自然乾後放到適當位置即可。

綠野仙蹤
The Green Field

設計理念
Design Philosophy

大自然中的植物，

絕大多數都是呈現綠色系，

然而住在都會叢林的人們

卻往往沒有足夠的時間或空間，

欣賞大自然所帶來的綠意盎然。

這款簡單的組合盆栽，

就是純粹以單一的綠色系為設計主題，

讓這片綠野仙蹤為居家或辦公室

帶出大自然的生機吧！

搭配與概念

[蜈蚣珊瑚]
扁長的葉子，兩兩
對稱著往上延伸，
就像是站在迷你花
園中的一棵小樹。

[松木塊]
直接傳達出原始
林木的縮影印象。

[圓口磁斜盆]
造型簡單卻相當有個性，而且材質穩重，
足夠撐起重量級份量的小花園設計。

[粗粒貝殼砂]
形狀呈現極度不規則，
增強非添加人工雕琢的痕跡。

[銀波草]

綠底白紋的葉面，讓整盆綠意有了色彩變化。

[仙女棒]

肥厚的枝葉像生長茂密的枝椏，
在盆中綻開，具有濃烈綠氛效果。

[貓頭鷹]

彷彿森林的守護者，站在樹梢、睜著眼睛，
等待想進入森林一探究竟的你。

[綠之玲]

像小鈴鐺的葉子，反射著亮光，伸出盆外，
就像對著外頭招手一般。

照顧小祕訣 How to care

● **如何澆水？**
多肉植物無法適應過濕的環境，在生長期間只需維持適當的水分。進入休眠期後，就必須減少澆水次數，以免積水引起病害，造成植株腐爛。因盆無排水孔，澆水時使用長頸細嘴澆水壺，出水量比較好控制。可將枝葉撥開後再由植株基部澆入，不可由頭頂上淋下去。

● **每次澆水量應給多少？**
本組設計植物幾乎都是多肉植物，葉片厚實、耐旱性佳，每次澆水計約200cc即可。

● **多久澆一次？**
春夏季時定期澆水每7天1次，進入冬季休眠後，減至每10天1次即可。

● **要不要給植物噴水？**
多肉植物耐旱性佳，無需噴水，以防土壤表層過溼，造成植株基部腐爛。

● **放在那裡最適合植物的生長？**
本組設計所選用之多肉植物皆喜高溫，喜歡光線明亮的地方或稍有避蔭之處也可以，但不宜直接照射強烈的陽光，故非常適合室內栽培。冬天則應注意溫度急劇變化，若低溫降於10度以下，應提前防範移置較溫暖處。

● **要不要施肥？**
因生長速度較緩慢，只需春夏季生長期間每1～2個月施用1次速效液態肥，如花寶1號或2號，溶水1000倍促進生長，冬季休眠期則應停止施肥。

綠野仙蹤
Garden in Glass

準備工作 Preparation

 +  +

植物材料：
綠之玲1盆
蜈蚣珊瑚1盆
仙女棒1盆
銀波草1盆(皆採用3.5吋盆裝)

選用盆器：
圓口磁斜盆1個
(直徑22公分，高15公分)
栽培介質：
粗粒發泡煉石・培養土
表土覆蓋用材：
粗粒貝殼砂・松木塊

裝飾品：
大貓頭鷹1隻
使用工具：
手1雙

一盆小花園

動手做做看
Step by Step

粗粒貝殼砂倒入圓盆，約1/3的高度，再倒入培養土，高約3公分。

蜈蚣珊瑚輕輕由盆中拉出，植入圓盆後方、稍微偏左邊處。再將銀波草輕輕由盆中拉出，植入蜈蚣珊瑚右前方處。

仙女棒輕輕由盆中拉出，置入銀波草左前方處。

將綠之玲倒扣，以手托住植株，輕輕由盆中倒出，植入仙女棒右前方處。(如果一時拔不出來，可以用手指輕擠盆底緩緩拉出)

植株定位後，即可倒入培養土將植株間空隙填滿，並於植株基部處以手指輕壓培養土，確保填土紮實。

以松木塊將土表完全覆蓋住，注意植株基部處也要將枝葉抬起、再鋪上松木塊。

在松木塊上隨意撒些粗粒貝殼砂。

將貓頭鷹放在綠之玲後方、或盆內你想要放的地方。

完成！

綠野仙蹤
Garden in Glass

簡約之美
The Beauty of Simplicity

設 計 理 念
Design Philosophy

仙人掌種類繁多、造型奇特，

為了展現它們與眾不同的植物特色，

簡單清爽的植株組合配上線條俐落的盆器

實為最佳的整體設計。

盆器的選擇除線條形狀的考量，

顏色亦為重要因素。

本組設計採用經過噴金漆處理的四方斜盆，

借著它的冷色調來突顯

兩株色彩造型各異的仙人掌。

搭配與概念

[方盆]

使用冷調的極簡禪風花器，
與象徵炎熱異國風情的仙人掌，
這樣強烈的對比，
卻出乎意外地非常協調。

[大圓石]

打破整個作品強烈的方正、
剛強、尖刺與直角，
石的圓滑形狀與行雲流水般的紋路，
爲作品點下溫潤的穩重感。

團扇仙人掌

一般人印象中典型的仙人掌造型,顏色翠綠、小巧靈活,
讓整體搭配顯得活潑,不落刻板。

白砂

乾淨的白砂,與禪風調性相襯。

黃砂

鮮豔的黃,營造出火熱艷陽的意向。

柱狀仙人掌

雖然是迷你種,但是霸道的生長力
與群聚式的植株形狀,
小小一棵卻具體而微地刻畫出整個沙漠的印象。

 照顧小祕訣 How to care

● **如何澆水?**

因方盆沒有排水孔,澆水時宜採使用長頸細嘴澆水壺,出水量較好控制。由植株基部澆入,不可由頭頂上淋下去。

● **每次澆多少水量?**

仙人掌雖多屬耐旱型植物,但春季是仙人掌的開始生長期、以及夏季高溫期間,應將它視為一般觀葉植物照顧,本組作品於春夏季可每次澆水約100cc。當冬季低溫來臨後,生長日趨緩慢,則應減少澆水讓它保持乾燥,只需給予少許水分,讓植株不會乾枯即可,甚至完全不澆水也可以。

● **多久澆一次?**

春夏季時定期澆水每7~10天1次。

● **要不要給植物噴水?**

仙人掌的原始生長環境多屬乾旱氣候,雨水稀少,故居家栽培時無需噴水。

● **放在那裡最適合植物的生長?**

放在家中光線明亮的地方。東、南向的落地門窗邊或西邊的窗台邊皆是理想地點。若光線不足會導至徒長(變得瘦瘦、長長的),而且顏色也會淡退,更無法開花。夏季高溫多濕時應注意室內通風,悶熱的環境不利生長且易導至病蟲害的發生。

● **需要施肥嗎?**

春夏季生長期間宜施用富含磷肥與鉀肥的速效液態肥,每月施用1次以促進生長和開花,冬季休眠期則應停止施肥。

準備工作 Preparation

 +  +  +

植物材料：
仙人掌2盆
(選擇3.5吋盆裝)

選用盆器：
四方型磁斜盆1個
(16公分x16公分x13公分)

栽培介質：
粗粒發泡煉石
培養土

表土覆蓋用材：
白色小石
黃色小石
小圓石1塊

動手做做看
Step by Step

將粗粒貝殼砂倒入方盆
至約1/3高度，再倒入培
養土，高約3公分。

將2張擦手紙摺3摺、包住仙人掌(這樣手才不
會被扎到)，輕輕將它拉出盆外。如果不好拿
出來，就先擠壓塑膠盆、再將仙人掌取出，
千萬不要想以蠻力拉扯，否則會傷到根部，
或不小心直折，就會傷植株。

將2株仙人掌置於方盆對角線，
一前一後的位置。

倒入培養土，
填滿植株間空隙。

以雙手提起方盆兩端，
在桌面震動方盆數下，
讓土壤更紮實，但勿用力過猛。

表土先鋪滿白色小石。

用手將小石壓平。

再將黃色小石鋪於前方1/3處，
並擺上小圓石1塊。

完成！

儉約之美
The Beauty of Simplicity

玻璃中的沙漠世界
Desert in Glass

設 計 理 念
Design Philosophy

許多人喜歡在居家或辦公室中擺置幾盆仙人掌，
一方面認為仙人掌容易照顧，
可稱得上是懶人植物；另一方面
它們的原生環境大多位於乾旱的沙漠地區，
對於生長在高溫多濕的我們來說，
自有一股神秘異國的風情。
每株仙人掌都有它的個性，
即使小小一株，也依然唯我獨尊，
絲毫不遜色地展現不凡之處。
所使用的杯盤都是平日家中的器皿，
一方面物盡其用，
另一方面每當訪客來到家中，
總會對這些創意點子驚嘆不已，
這種感覺你也可以享受看看！

搭配與概念

一盆小花園

[烈酒杯]

色彩不要太複雜，以透明與藍色為基調做設計。不過透明度要高，才能展現仙人掌的美麗與獨特。

[玻璃珠]

晶瑩剔透，與玻璃杯質感相應，而且能反射亮光，讓作品更加晶瑩透亮。

[藍色淺盤]

藍色淺盤代表湛藍的大海，鋪上的白沙則是潔淨的海灘，噓！安靜地聽，會有海浪拍岸的聲音喔！

[貓頭鷹]

枯枝上的貓頭鷹，帶來荒蕪、神秘的印象，加強沙漠孤獨的臨場感。

[冰淇淋杯]

杯口極廣、非常矮胖的冰淇淋杯，
巧妙地扮演著穩住下盤的腳色。

[高腳杯]

許久不用的高腳杯，擱在櫃子裡挺可惜，運用在這個玻璃杯組合裡，
頗有鶴立雞群的架式。

[高水杯]

各式水杯，因為容器造型不同，
整個作品也會顯得層次分明。

照顧小祕訣 How to care

● **如何澆水？**
所有玻璃器皿皆無排水孔、體積又小，建議使用滴管來澆水。水分請直接滴到植株基部，不要由頭頂上淋下去。

● **每次澆水量應給多少？**
仙人掌多屬耐旱型植物，澆水方式與一般觀葉植物略有差異。本組作品因杯子不大，每次澆水量不必太多，每杯只需澆水約6 cc，以滴管吸水到3 cc的刻度高，將滴管內的水全部滴入、重覆2次即可。因玻璃杯皆無排水孔，若澆多了水積在杯底會引起爛根。

● **多久澆一次？**
春季仙人掌開始生長，至夏季高溫期間應將它視為一般觀葉植物，定期澆水，每7～10天1次。當冬季低溫來臨後，生長日趨緩慢，則應減少澆水讓它保持乾燥，只需給予少許水分讓植株不會乾枯即可，甚至一段時間完全不澆水亦可。

● **要不要給植物噴水？**
仙人掌的原始生長環境多屬乾旱氣候，雨水稀少，故居家栽培時無需噴水。

● **放在那裡最適合植物的生長？**
大多數仙人掌都喜愛陽光充足的地方，應將它們放在家中光線明亮的地方。東、南向的落地門窗邊或西邊的窗台邊，皆是理想地點。若光線不足導致徒長(變得瘦瘦長長的)，而且顏色也會淡退，更無法開花。夏季高溫多濕時，應注意室內通風，悶熱的環境不利生長，更易導致病蟲害的發生。

● **要不要施肥？**
一般人常誤認仙人掌生長的地區土壤貧脊故不用管它，其實這是不正確的。仙人掌的原生環境中因氣候溫差變化頗大，在大自然的侵蝕下，土壤會持續釋出各種無機鹽，這也是滋潤它們生長的要素，因此若想要仙人掌茁壯生長進而開花(有半數仙人掌生長3～4年後會開始開花，而且往後也能繼續開花)，施肥的工作是不容忽視的。可於春夏季生長期間施用富含磷肥與鉀肥的速效液態肥，每月施用1次，促進生長和開花，冬季休眠期則應停止施肥。

玻璃中的沙漠世界
Desert in Glass

準備工作 Preparation

 +  +  +

植物材料：
仙人掌4盆
(皆採用1吋迷你盆裝)

選用盆器：
高腳斜口酒杯1個
高水杯1個
烈酒杯1個
冰淇淋杯1個
藍色淺盤1個

栽培介質：
細粒發泡煉石
細粒貝殼砂

表土覆蓋用材：
藍色小石

裝飾用品：
沉木1小枝
小貓頭鷹1隻
透明玻璃珠5～6個

使用工具：
筷子
小茶匙
叉子各1隻
A4白紙1張
小杓1個
3 cc滴管1隻
手1雙

動手做做看
Step by Step

01

細粒貝殼砂倒入高腳斜口酒杯中，至1/2高處，再將球型仙人掌(鸞鳳玉)直接連盆放入酒杯中，以湯匙將貝殼砂撥入酒杯中，直至覆蓋住盆緣。

02

仙人掌後方放上沉木與貓頭鷹。

03

細粒貝殼砂倒入冰淇淋杯中，至1/4高處，將疣粒仙人掌種入冰淇淋杯中。

04

此杯全透明不帶顏色，以小茶匙加一些藍色小石拌入貝殼砂中，並放幾個透明玻璃珠做整體搭配。

05

以小杓將細粒發泡煉石倒入高水杯內，至1/4高處，再將團扇仙人掌(白鳥帽子)放在發泡煉石上，用叉了卡住盆緣，以筷子將盆子往下壓一下以確定盆子站穩了。

06

水杯杯口窄小，所以利用A4白紙捲成漏斗狀來倒入貝殼砂。

07

以小杓將細粒發泡煉石倒入烈酒杯，至1/4高處。再同步驟5將柱狀仙人掌種入烈酒杯。

08

同步驟6將細粒發泡煉石緩緩倒入杯中直至覆蓋住盆緣，並以小茶匙將細粒貝殼砂均勻撒在表層。

09

將高腳斜口酒杯、烈酒杯和冰淇淋杯放到藍色平盤中，在平盤上覆蓋一些貝殼砂加上透明玻璃珠，高水杯則可放在藍盤右後方。

完成！

玻璃中的沙漠世界
Desert in Glass

蛋糕盒中的鄉村花園
Country Garden in a Cake Box

設 計 理 念
Design Philosophy

每年家中一定會有人過生日，
少不了要買個生日蛋糕慶祝一下。
歡歡喜喜吃完蛋糕後，
赫然看到那個大大圓圓的保麗龍蛋糕盒，
開始煩惱如何處理它？
我家社區設立資源回收桶已有好幾年的歷史，
三年前開始拒收保麗龍類，從此以後，
每當把保麗龍丟到社區垃圾桶時就很心虛。
這次計畫出書適逢小女兒過生日，
心想就以這個保麗龍蛋糕盒做為
組合盆栽的設計主題，提供給大家一個選擇，
好盡己之力來維護我們的居住環境與地球。

搭配與概念

一盆小花園

[紅點草]

花園理當繽紛，以暗
紅的葉子來化身為一
蓬繁茂無比的野花。

[保麗龍蛋糕盒]

防水性強、可塑性大，
不花一毛錢又可以做環保，何樂不為？

[緞帶]

以緞帶裝飾蛋糕盒蓋，
讓它看起來就像一個禮盒。

[白葉合果芋]
枝條細長、葉面寬大，扮演屋後遠景的樹林角色。

[小木屋v.s.小鳥]
在這林子裡的是誰的家呢？
原來是小黃鳥等著你的拜訪喔！

[嫣白蔓]
粉嫩的白綠條紋，讓花園色彩更加多元。

[嬰兒的眼淚]
匍伏延伸至盒外，
給人生命力旺盛的感覺。

[黃色小石+細粒鵝卵石]
白石為底、黃石為徑，鬆輕做出唯妙唯肖的屋前小徑。

 照顧小祕訣 How to care

● **如何澆水？**
以細嘴澆水壺由植株基部緩緩澆下，因為嬰兒的眼淚與嫣白蔓這兩種植物的葉片生長緊密，不宜由頭頂直接澆下去，葉片容易腐爛。所以請先輕輕撥開葉片、由植株基部澆水。

● **每次澆水量應給多少？**
盆器無排水孔，每次水量不宜太多，共計約300 cc，以避免多餘水分累積在盒底，引起根部腐爛。

● **多久澆一次？**
夏季高溫每周澆2次，冬季低溫每周澆1次。

● **要不要給植物噴水？**
可定期噴水，每周2~3次。

● **放在那裡最適合植物的生長？**
白葉合果芋和嬰兒的眼淚對光線的需求彈性較大，室內有散射光之處皆可接受，可是紅點草與嫣白蔓則需明亮的光線，以維持斑點的色彩並可防止徒長，所以還是選個明亮通風處擺置，不過夏季不要放置在太陽直射之處喔！

● **要不要施肥？**
可施用速效液態肥花寶2號，富含均衡氮磷鉀配方或濃縮花寶觀葉植物液，溶水1000倍，每月施用一次促進成長與開花。

蛋糕盒中的鄉村花園
Country Garden in a Cake Box

🌱 準備工作 Preparation

 +  +

植物材料：
白葉合果芋
嬰兒的眼淚
紅點草
嫣白蔓 (皆採用3.5吋盆裝)

選用盆器：
9吋保麗龍蛋糕盒蓋1個
保麗龍板 (厚度4公分)

使用工具：
雙面膠・剪刀1隻・手1雙

栽培介質：
粗粒發泡煉石・培養土

表土覆蓋用材：
細粒發泡煉石・黃色小石
細粒鵝卵石

裝飾品：
黃、藍色小木屋2個
樹枝籬笆1排・小鳥1隻
4.5公分x 85公分緞帶2條
3.5公分x85公分緞帶1條

動手做做看
Step by Step

一盆小花園

01
3條緞帶分別在背面上、下兩邊貼上雙面膠，然後由蛋糕盒蓋最上方開始黏貼。

02
貼緞帶時，上下2條雙面膠要貼一段撕一段，才會貼得平整。

03
切下適度大小的保麗龍板填入蛋糕盒蓋內，再將周邊縫隙也塞入小塊保麗龍板（這是因盒蓋深度較深，先將它墊高）。

04
倒入粗粒發泡煉石，約2公分高，做為瀝水層。再填入培養土，約1.5公分高。

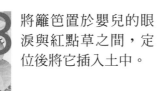

05
小盆栽都先從盆中取出。先將最高的紅點草植入盒內後排左方,再將次高的白葉合果芋植入同排中間,再將最矮的嫣白蔓植入同排右方,最後將嬰兒的眼淚植入盒內前排左方,此時盒內右前方會空出一個空間來。

06
將培養土填入植株之間的空隙,雙手輕壓一下表土近根部出處,以確保填土紮實。

08
將籬笆置於嬰兒的眼淚與紅點草之間,定位後將它插入土中。

07
將粗粒發泡煉石倒入成為土表,注意接近植株基部處應先將葉片輕輕撥起、再倒入煉石。

09
將小鳥插入嬰兒的眼淚中,狀似小鳥住在鳥巢中。然後在前面空地把2個小木屋並排擺著。

完成!

10
鋪上黃色小石、細粒鵝卵石,做為走道。最後將過多或受損的枝葉以剪刀剪除。

蛋糕盒中的鄉村花園
Country Garden in a Cake Box

閃亮時光
Moment of Glittering

設計理念
Design Philosophy

為特殊的日子開個PARTY熱鬧一下,
何不做個喜氣洋洋的組合盆栽來妝點熱鬧氣氛?
選用米白鑲銀色花邊的圓口斜盆,
以及質感與外形皆優美的粉紅色觀賞鳳梨,
做為設計重心。
為了展現這株觀賞鳳梨的特色,
其他陪襯植物就不能太搶眼,
以免讓人看得眼花撩亂,
再加上一些透明五彩的造型玻璃做裝飾,
讓整個組合設計閃亮耀眼,為PARTY加分!

搭配與概念

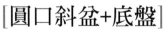

[銀色果子]

華麗感的最佳來源，
就是閃亮亮的銀色，
又不顯得俗氣。

[圓口斜盆+底盤]

米白色鑲銀邊的盆器配上同色調
的底盤，高雅又不死板。

[透明五彩玻璃]

與盆器銀邊相襯，
能有波光流轉、晶瑩閃耀的效果。

[文心蘭]

紅色代表的就是熱鬧，細緻的紅色小花往上伸展，非常活潑。

[觀賞鳳梨]

造型搶眼外放，顏色又非常特別，
像綻放的花朵，
不迭向每位客人展示自己的美麗。

[斑葉長春藤]

用來陪襯的綠底，淡雅的長春藤絕對能恰如其分地扮好角色。

[細粒貝殼砂]

白沙與盆器色調相同，鋪在底盤，
製造律動感。

[黃金捲柏]

細碎如絨毛般的葉片，乖乖地蜷伏在盆緣，雅致可愛。

照顧小祕訣 How to care

● **如何澆水？**
斑葉長春藤可用澆水壺澆水，並噴水來提高濕度。黃金捲柏和文心蘭以噴水壺澆水，記得先將枝葉撥開後、再由植株基部澆入，以確保根部獲得足夠的水分。觀賞鳳梨則可直接噴水於葉面及植株中心處。使用氣壓式噴壺只要噴一次，因為出水量大；如果使用出水量較少的手擠式噴壺，則要多噴幾次。

● **每次澆水量應給多少？**
盆器無排水孔，每次澆水共計約300cc即可。

● **多久澆一次？**
定期澆水，每周2次，進入冬季後可減至每周1次。

● **要不要給植物噴水？**
本組植物皆喜好濕潤的環境，故可定期噴水，增加周圍濕度以利生長。

● **放在那裡最適合植物的生長？**
明亮無直接強烈日照處，如東向窗或有散射光的地方皆可。

● **要不要施肥？**
春夏季生長期間每1個月施用1次速效液態肥，如花寶1號或2號可促進生長，或濃縮花寶東西洋蘭液，溶水1000倍可促進文心蘭的開花。

閃亮時光
Moment of Glittering

準備工作 Preparation

 +

植物材料：
斑葉長春藤1盆・黃金捲柏1盆・觀賞鳳梨1盆
文心蘭「夢鄉」1盆(皆採用3.5吋盆裝)

裝飾用品：
銀色果子串1枝
心型、星型透明五彩玻璃3～4個

選用盆器：
圓口斜盆(直徑20公分，高24公分)及底盤1組

栽培介質：
粗粒發泡煉石・培養土

表土覆蓋用材：
細粒發泡煉石・細粒貝殼砂

動手做做看
Step by Step

01
粗粒貝殼砂先倒入斜盆，
約1/2高處。

02
倒入培養土，高約3公分。

03
將其他4盆植物輕輕由盆中拉出待
用。若不易拔出時可擠捏盆壁再
拔出。

文心蘭植入後方中間位置，斑葉長春藤植入文心蘭右前方處，黃金捲柏置入斑葉長春藤右前方處，銀色果子串插在文心蘭左側。

觀賞鳳梨置入斜盆正前方處，做為設計焦點。植株定位後，即可倒入培養土，將植株間空隙填滿。

植株基部處以手指輕壓培養土，以確保填土紮實。

斜盆中鋪上細粒發泡煉石及細粒貝殼砂。

完成！

閃亮時光
Moment of Glittering

斜盆放在底盤中央，調整斜盆方向讓觀賞鳳梨面對正前方。底盤也撒上細粒貝殼砂，並隨意擺置3～4個心型和星型玻璃。

優雅風華
Elegance Above All

設計理念
Design Philosophy

 蝴蝶蘭向來深受國人青睞，展現的典雅
與高貴為它贏得「王者之花」的美譽。
除了它的典雅風範外，
蝴蝶蘭的開花期較一般開花植物更長，
一次的開花期有時可達一個月之久，
因此非常適合擺置家中欣賞。
傳統的蝴蝶蘭盆栽都以單盆磁盆栽種為主，
實無設計可言，
近幾年則轉向以組合盆栽的方式
搭配其它植物，呈現出多樣化的設計風貌，
蝴蝶蘭也因各種不同設計風格的蓬勃發展
得以跳脫以往磁盆組合的刻板印像，
進而展現出更多彩多姿的一面。

準備工作　Preparation

　+　　+　

植物材料：
雪荔1盆
竹吊草1盆
合果芋1盆
蛤蟆海棠1盆
鳳尾蕨1盆 (皆採用3.5吋盆裝)
白花紅心蝴蝶蘭3盆

選用盆器：
方口藤籃1個 (含防水底襯)

栽培介質：
保麗龍板・水草

表土覆蓋用材：
水草 (使用前需先泡濕)

裝飾用品：
細藤3隻・小瓦盆2個
扇貝3片・拉飛草2枝

使用工具：
剪刀・粗鐵絲・鐵絲剪
噴水壺・手1雙

動手做做看
Step by Step

一盆小花園

01 將保麗龍板切成適當大小、塞入藤籃，將底層墊高至藤籃的2/3處。

02 將粗鐵絲剪成15公分長，約10枝數量。長度比單一盆栽盆器長約2/3的長度。

03 將最高一株蝴蝶蘭連盆放在藤籃最後方、中間出處，此時由於蘭花頭重腳輕無法自行定位，需以15公分長的粗鐵絲由盆上方刺穿盆底洞，進入保麗龍板來固定整株蘭花。若1支不夠穩，則需再以另一支鐵絲固定。

以同樣方法將其他2株蝴蝶蘭分別固定於第一株的左前方和右前方。固定後可依需要,調整花面及角度。先拿掉夾在蘭花花梗上的夾子,輕輕彎折支撐蘭花的鐵絲到你要的彎度後,再輕柔地把蘭花花梗依鐵絲彎度靠上去並以夾子夾住。要非常輕柔地做這些步驟,否則花梗容易因施力過猛而折斷。

取一塊保麗龍板切成適當大小、將藤籃內剩餘空間墊高,因為3.5吋盆比蘭花盆矮小,需先墊高底層再放入植物,保持藤籃內的盆緣齊高(可以先在盆外比一下長度,確定大小後再裁切,才不用事後東補一塊西補一塊)。

依次放入鳳尾蕨、合果芋、蛤蟆海棠、雪荔和竹吊草,並分別以15公分長的粗鐵絲刺穿底部漏水孔、固定在下層保麗龍板上。

所有植物定位後,將空隙塞滿已吸飽水的水草。

取適當長度的拉飛草,一端打個結後穿過小瓦盆做成小鈴鐺,將2個小鈴鐺分別綁在拱形細藤上。

取細藤將兩端以對角線方向插入保麗龍板中固定,即可做出3個拱形空間。

將3片扇貝分別插入水草中,無需特定的位置。最後以剪刀將破損或多餘的葉片修剪去除。

角落小花園

材料　all you need is......

50x50公分平面..............1小塊

盆栽.............................2～5盆

雜貨.............................原來位置上的東西挑幾樣

創意與耐心...................換個角度試試看吧！

愛心.............................越多越好

做法　easy step 123

1 蒐集材料，

2 耐心嘗試，

3 組合完畢！

別有洞天的茶几
The Amazing Table

客廳中的長型或方型茶几，非常適合取其中一角，來創造室內小花園。

設計重點主要有二：

一為面積不宜過大，最多只佔用桌面的六分之一，其二應選擇耐旱型、照顧簡單的植物，減少落葉、落花弄髒桌面的機會。

整體的搭配必須與客廳的色彩及風格相互輝映。

示範作品選用米白、咖啡、深和淺綠及少許的紅色來搭配客廳中的傢俱，讓植物與配件飾品完全融入整體環境中，反而更能襯托出這個客廳寧靜安祥與舒適的感覺。

搭配與概念

[桌]

選一個離你常坐位子最遠的角落，
這樣每當你坐在你最喜歡的位子上時，
眼光自然就會落在這個綠意盎然的角落。

角落小花園

[空氣鳳梨]

偶爾噴噴水即可的照顧方式，
簡單、又沒有泥土讓桌面變得髒亂，
放射狀的造型，像盛開的花朵，
安靜綻放、卻讓人忍不住讚嘆。

[竹簾]

是整個作品的基座。

[乾燥山歸來]

像極鮮豔的紅寶石，小巧、細碎，
成功地扮演整個厚重作品裡的輕盈效果。

[綠野仙蹤組合盆栽]

不易掉葉是多肉植物的好處，而且桌子跟沙發都比較矮，
所以也要選擇不是太高的植物，以免造成視覺壓力。

[珊瑚貝殼‧貝殼砂]

彷若海中之石的珊瑚與貝殼砂，
潔白的色澤、與蜂窩狀石身，帶來神秘流動感。

[簡約之美組合盆栽]

在桌面上不方便澆水，
所以選擇不必常澆水的植物組合。

[樹枝籬笆]

讓基座顯得有層次，
而且深棕色調帶來穩重、
簡潔的感覺。

照顧小祕訣 How to care

● **如何澆水？**
整組盆栽可用長頸細嘴
澆水壺澆水，只有空氣
鳳梨只需以噴水器在葉
面上噴水、保持濕氣。

● **何時該澆水？**
多肉植物與仙人掌非常耐旱，每周澆水1～2
次，冬季時減少給水量。空氣鳳梨每周噴水
2～3次。

● **如何施肥？**
春夏季生長期間每1個月施用1次速效液態肥
(如花寶1號或2號)，溶水1000倍使用，可促
進生長；冬季期間多肉植物與仙人掌則可停
止施用。
空氣鳳梨宜採葉面施肥，將花寶1號溶水
1000倍，裝入噴水壺中噴灑於葉面上。

別有洞天的茶几
The Amazing Table

[沉木]

生命進行式的植物、與過去式的沉木，
一前一後的擺設，
帶來生命無窮延伸的意向。

🌱 準備工作 Preparation

 +

植物材料：
綠野仙蹤組合盆栽1盆・簡約之美組合盆栽1盆
空氣鳳梨2株・乾燥山歸來2隻

裝飾用品：
竹簾餐墊1張・樹枝籬笆4塊・沉木1塊・
藤球1個・珊瑚貝殼1個・粗粒貝殼砂少許

動手做做看
Step by Step

角落小花園

Step

1 將桌上雜堆的物品移走。 `01`

2 茶几右上角處，斜鋪上竹簾餐墊，再將4塊樹枝籬笆參差擺在竹簾餐墊上。 `02` `03`

3 方盆仙人掌組合盆栽放在竹簾餐墊左上角處。 `04`

4 圓盆組合盆栽擺在竹簾餐墊右下角處。 `05`

5 將藤球放在兩盆後方、中間空隙處。 `06`

6 將珊瑚貝殼擺在兩個盆栽正面的中間空隙處，定位後，隨意撒下一些粗粒貝殼砂。 `07` `08`

7 放一株空氣鳳梨花在珊瑚貝殼左側。 `09`

8 再把另一株空氣鳳梨插入沉木縫隙中，然後放到圓盆右前側。 `10`

9 一隻山歸來插入圓盆底端，讓枝幹朝左方伸展。 `11`

10 第二枝山歸來插入方盆內，枝幹朝上方伸展 `12`

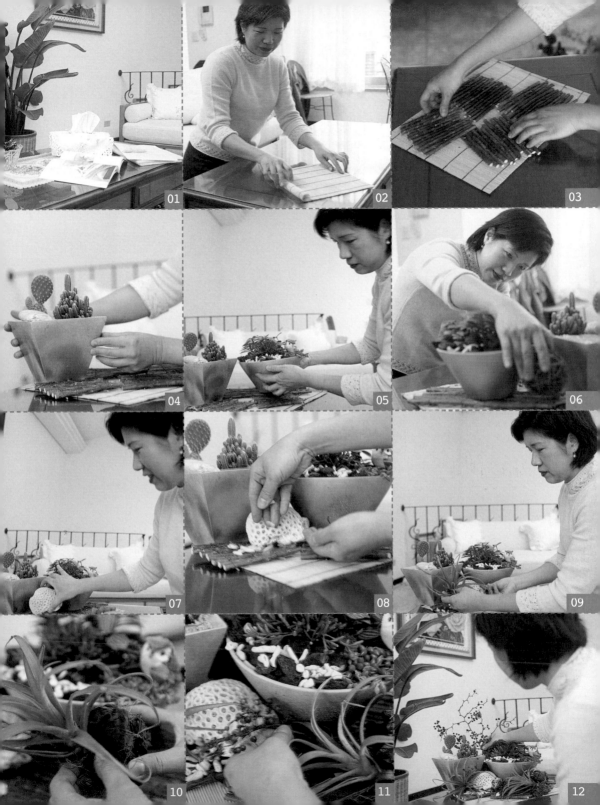

與下午茶有約
Afternoon Tea Time

想輕鬆一下嗎？

只要花點巧思，一個小玻璃圓桌就能帶給你無限的悠閒與寧靜。

多數住家皆有面玻璃窗或陽台落地門，只要不是光線黯淡，

都可以在這個地方擺張小桌小椅，設計個迷你小花園擺在小桌上，

藍天綠意，約朋友喝個下午茶，秀秀你的創意盆栽，

或自個兒喝杯咖啡讀本好書，消磨一個下午好不愜意呢！

圖中示範設計注重自然輕鬆的表現，

選用媽粉蔓與薜荔的搭配，取其柔粉與翠綠的清爽，

再配上拖鞋蘭與藤圈的組合，展現自然野趣，

僅占用圓桌三分之一的面積，即可佈置出賞心悅目的悠閒情境。

搭配與概念

[薜荔]
純粹的綠意從白盆紅葉中
潑灑而出，打破框架的侷限，
鮮活生動。

[嫣粉蔓]
不怕陽光直曬，
相當適合放在陽光充足的窗邊，
又能增加作品的色彩度。

[白陶長方盆]
像原石般的粗糙質感，
讓桌面頓時有了祕密花園的味道。

[素燒盆]
重組作品講求樸拙之美，
素燒盆自然就成了最佳選擇。

[拖鞋蘭]

造型有趣，像個歪著腦袋的大問號，
探訪為何在陽光如此明媚的午後，不一起喝個下午茶呢！

[貝殼]

與陶盆的質感相近，潔白、紋理清晰，
能與整個作品自然融合。

[人造西瓜藤]

紅紅圓圓的小西瓜幾可亂真，
讓人垂涎欲滴，
是不是更讓您的下午茶色香味俱全？

與下午茶有約
Afternoon Tea Time

照顧小祕訣 How to care

● **如何澆水？**
薜荔與嫣粉蔓可用長頸
細嘴澆水壺澆水，拖鞋
蘭則適合以氣壓式噴水
壺澆水。

● **何時該澆水？**
一般春夏季室溫較高，
每周澆水2～3次；冬
季時每周澆水1～2次
即可。

● **如何施肥？**
春夏季生長期間，薜荔與嫣粉蔓每1個月施
用2次速效液態肥，如花寶1號或2號，促進
生長；冬季期則每1個月施用1次。拖鞋蘭於
生長期間可施用花寶3號，溶水1000倍，促
進開花。

[藤圈]

利用藤圈把所有的素材串連在一起，
加強所有物件的連接感。

準備工作 Preparation

 +  +

植物材料：
媽粉蔓3盆
薜荔1盆 (皆採用3.5吋盆)
托鞋蘭2盆

選用盆器：
白陶長方盆1個
2.5吋素燒盆2個
粗粒發泡煉石

裝飾用品：
人造西瓜藤1條‧貝殼3個
藤圈1個

照顧工具：
長頸細嘴澆水壺
氣壓式噴水壺

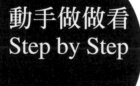

動手做做看
Step by Step

角落小花園

Step

1 把玻璃圓桌上的花瓶移開，整理桌面。 `01` `02` `03`

2 粗粒發泡煉石倒入方盆中，約1公分高，做為瀝水層。長方盆擺置於桌邊近窗戶位置。 `04` `05`

3 依次將媽粉蔓、薜荔及另外2盆媽粉蔓移放入長方盆中。 `06`

4 先將藤圈放在盆器右角處，並以盆器一角壓住其中一小段，以固定住藤圈，再將西瓜藤纏繞於藤圈上、並擺上貝殼。 `07` `08` `09`

5 將拖鞋蘭輕輕由原先的塑膠軟盆中拔出，移入素燒盆內。 `10` `11`

6 2盆拖鞋蘭一前一後，置於藤圈內，就完成囉。 `12`

壁架上的綠點子
Green Spot on Shelf

未佈置前的層架像個雜貨架，什麼都往上面堆，其實掛壁式層架是絕佳的空間創造者，無須占用大塊區域，就能點出空間特色。僅在一塊二十六公分寬、一百一十公分長的小小層架上，即可完成迷你室內小花園，將訪客的目光引導到這個層架區。

搭配與概念

[各式相框]
綠意團繞下的家庭合照，
家庭生活是如此甜美幸福。

[白葉合果芋]
白綠色系的植株，與層架本身的
蘋果綠搭襯，保持整體色系的連貫性。

[彩色玻璃杯]
顏色活潑輕鬆，隨意搭配
都能獲得不錯的搶眼視覺效果。

[蝦蟆草]
墨綠顏色與略大的葉片，
統合視覺、不至於太零碎化。

角落小花園

照顧小祕訣 How to care

● **如何澆水？**

因植物擺在較高的層架上，建議每次澆水時應將盆栽拿出來澆水，這樣的澆水方式，才不會因水量控制不佳，水滿溢出弄溼層架，而且不會有水積在杯子裡，對植物生長造成不良影響。

以澆水壺將水緩緩注入盆中土面，澆透後倒掉多餘的水分，再將植物放回玻璃杯中。若植物葉片較茂密外擴，澆水時應先將葉片抬起再澆入土面，否則水容易順著葉片流出盆外。

● **何時該澆水？**

先以手指插入培養土中，若有溼度，表示尚有水分，可以過1、2天後再澆水。若土壤已乾硬或盆子變得很輕，就要馬上澆水。一般春夏季室溫較高，每周澆水2～3次；冬季時，可每周澆水1～2次。

● **注意事項**

雪荔須要較高的溼度，常常在葉面噴水，可保持葉片翠綠與飽滿，故應每周葉面噴水2～3次。雪荔一旦缺水後則不易恢復原有的生機，因此要小心照顧，切莫忘了澆水、任憑它乾枯。若葉片呈現乾枯失水狀態，可將整盆植物泡在水盆中20～30分鐘(水要淹過盆子)，待吸飽水後再放回玻璃杯中。此法也可用於平日照顧，但只需泡10～15分鐘即可。

● **如何施肥？**

春夏季生長期間，每1個月施用2次速效液態肥，如花寶1號或2號，溶水1000倍促進生長；冬季期則每1個月施用1次。亦可添加長效性肥，如好康多觀葉植物專用配方，每3個月施用1次。

[雪荔]

綠底白點的雪荔，
與綠架白牆呈現完全融合的效果。

[芭蕾女孩v.s.花仙子]

小雕塑與自然融合，
自然的美麗與人造的色彩，竟然如此搭配。

準備工作 Preparation

 +  +  +

植物材料：
白葉合果芋1盆
雪荔1盆
蝦蟆草1盆
(選擇3.5吋盆裝)

選用盆器：
彩色玻璃杯5個

裝飾用品：
各式相框
花仙子
芭蕾女孩

照顧工具：
澆水壺
噴水壺
玻璃碗

動手做做看
Step by Step

角落小花園

Step

1 層架上面物品全部移至它處後，清潔層架。 `01` `02` `03`

2 依自己喜愛，將不同色的玻璃杯套入另一玻璃杯中，單獨使用亦可。 `04`

3 白葉合果芋連盆放入橘＋黃色玻璃杯中，若杯子太深可填入一些發泡煉石墊高植物。蝦蟆草連盆放入紅色玻璃杯中，雪荔連盆放入蘋果綠＋黃色玻璃杯中。 `05` `06`

4 將3盆植物置於層架右邊，集中擺設才能營造出群組盆栽的氣氛。若分散擺設，則無法突顯出欲營造的迷你小花園，整體感亦較爲死板。 `07` `08`

5 將喜歡的相片擺回層架上。注意高矮擺置次序，較大或較高的相框宜擺在後方，並注意相框的擺置角度，不宜一律面向正前方，較小的相框可轉45度斜角擺置，面向不同方向，增加空間的層次感。 `09` `10`

6 最後再將自己心愛的小飾品或收藏品擺入尚餘的空間內，整個層架即帶給室內一種不同於原先置物架的感覺了。 `11` `12`

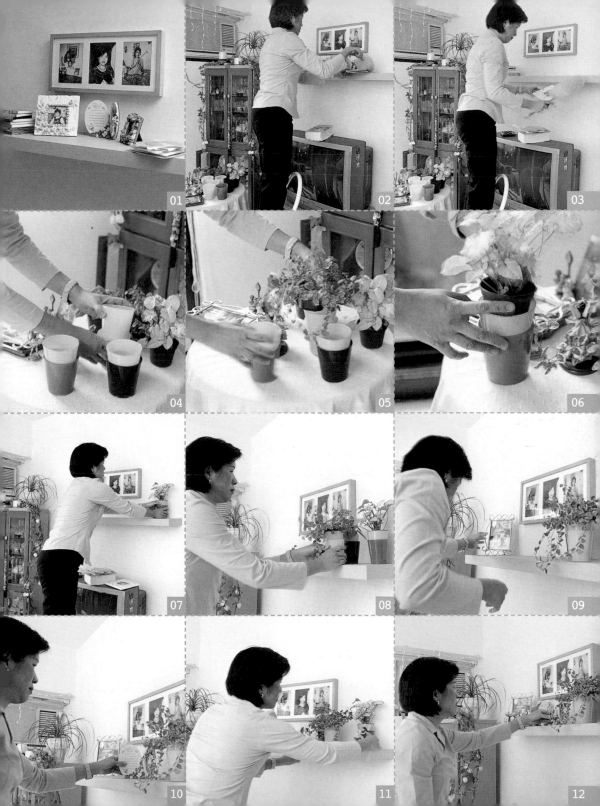

辦公室內的鮮綠主張
Green Idea for Office

多數辦公室都有擺設盆栽，但往往缺乏整體感，以致於無法達成讓大家醒醒腦、或是舒緩心情的功用。

辦公室的綠化佈置較居家略微受到限制，一方面受制於室內有限的可用空間，另一方面則受制於室內採光問題。

圖中示範的辦公室內的鮮綠主張，只需一個檔案櫃或書櫃的檯面，就能營造出讓人精神為之一振、快速提升工作效率的綠意空間！

搭配與概念

[木刻小貓]
手工雕刻的斑紋小貓，
在綠葉間彈跳嬉戲，增添工作樂趣。

[鹿角蕨]
由於辦公室桌櫃較大，
放這樣大型、
造型特別的植株，
馬上吸引視覺焦點。

角落小花園

[百萬心]

細碎的圓點綠葉片，像一連串叨叨不休的標點符號，
爭著告訴你，今天辦公室又發生什麼好玩的事了。

[藍色風情組合盆栽]

點綴一派墨綠色調的彩色小兵。

[金線蓮]

色調沉穩，讓視覺溫和舒服，而金線蓮具有療效，
放盆在櫃子上，整個人彷彿也跟著健康起來呢！

[萊姆黃金葛]

像瀑布般奔騰而下的氣勢，
讓所有一進辦公室的人都會忍不住驚嘆，好美！

照顧小祕訣 How to care

● **如何澆水？**

萊姆黃金葛和百萬心以澆水壺澆水後，將流出
底盤或盆內多餘的水倒掉。鹿角蕨若苞片已長
得很茂盛時，澆水時應把出水孔對準苞片的縫
隙處，確實將水澆入盆內。金線蓮種於馬口鐵
桶內，無排水孔，以噴水壺澆水較好控制水
量，小心積水。萊姆黃金葛、鹿角蕨可定期噴
水，增加生長環境的溼度有利生長。

● **何時該澆水？**

辦公室內植物澆水最好採認養方式，每人負責
1～2盆，既不會佔用太多工作時間、也不會
發生多人重覆澆水或大家皆忘記澆水的情況。
夏季高溫，可每周3次，可選周五故定澆水，
以供應周末所需水分，周一及周三再行澆水一
次。其它季節每周2次即可。

● **如何施肥？**

春夏季生長期間，每1個月施用2次速效液態
肥，如花寶4號，溶水1000倍促進生長；冬季
期則每1個月施用1次。

準備工作 Preparation

 +  +

植物材料：
萊姆黃金葛1盆 (7吋盆)
鹿角蕨1盆 (5吋盆)
百萬心1盆 (5吋盆)
金線蓮3盆 (3.5吋盆)
藍色風情組合盆栽1盆

選用盆器：
義大利素燒盆1個 (鹿角蕨用)
素燒底盤1個
圓口高筒白陶盆1個 (百萬心用)
馬口鐵圓桶3個 (金線蓮用)
白塑膠底盤1個 (萊姆黃金葛用)

裝飾用品：
木刻小貓2隻

照顧工具：
澆水壺・噴水壺

動手做做看
Step by Step

角落小花園

T I P S

要營造一個綠意盎然的辦公室，在植物的選擇上應注意幾點事項：

1. 容易照顧，費時無多。
否則一個美麗的綠化佈置往往因乏人持續的照顧，而喪失原來的風采。

2. 簡單大方，勿瑣細。
寧可只擺1、2盆大一點的盆栽，不宜擺置許多小盆栽。職場環境應展現專業性，少數幾盆、搭配協調的大盆栽，即可為專業形像加分，並帶給大家一個愉悅的工作環境。小盆栽太多則顯得凌亂，更無法突顯主題風格。

Step

1 書櫃上層的盆栽、飾物架及雨傘移出。 `01` `02`

2 鹿角蕨置於素燒底盤上、放在書櫃的左角處，並調整植株葉片的方向，注意葉片是否影響工作空間，若有應做修剪。 `03` `04`

3 白塑膠底盤放在書櫃右角處後，將萊姆黃金葛放上，並將植株右轉45度角，面朝右前方。 `05` `06`

4 圓口高筒白陶盆放在萊姆黃金葛左邊，直接將百萬心套入盆內並調整下垂的葉片，使葉片平均分配。 `07` `08`

5 藍色風情組合盆栽擺置於百萬心的左前方。 `09`

6 金線蓮分別放入3個馬口鐵圓桶中，擺在鹿角蕨右前方。 `10`

7 2隻木刻小貓放在書櫃前端空隙處。 `11`

8 大相框靠牆，擺到書櫃後方中央偏左處，以平衡視線 `12`

書櫃上的另類花園
Something Different on Bookcase

一個三十公分寬、九十公分長的小書櫃，
除了擺擺書、相片及雜物外還能做什麼用？
何不用這區區一小塊面積來造個玻璃花園！
若把書櫃擺在窗邊或陽台落地門邊，
室外燦爛的陽光煦煦灑落在晶瑩剔透的玻璃器皿上，
帶給植物盎然生機，讓任何人看了都會眼睛一亮，
對這個另類室內小花園驚嘆不已！

搭配與概念

[沙漠世界組合盆栽]
高低胖瘦錯落有致的組合，
讓整個角落顯得豐富、有層次感。

[藍色餐墊]
模擬浪濤搖晃的湛藍大海，
讓仙人掌彷若海中神秘小島，
等你來場尋幽冒險之旅。

[相框]
生活與自然結合，
將美麗笑靨與清新的自然空氣
連結成甜美的回憶。

角落小花園

米色桌墊
讓整個桌面顯得乾淨、清爽。

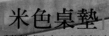

[海樹]

眞眞假假，眞的植株做成鮮豔的假樹，
像個小屏風，彷彿隨著海潮，款款搖擺。

[小木框]

一個功能是可以用來墊高，
另一個是可以當成小型展示台，
深棕色調巧妙隱身在作品中。

[彩繪花盆]

假的植物種在盆栽裡、眞的植物種在不是盆栽的容器裡，
偏又愛繪上擬眞的果實，饒富趣味。

[玻璃花房組合盆栽]

記得前矮後高的原則，
所以瓶身高的放後面一點。

[貝殼]

營造出整體海洋氣氛的功臣。

照顧小祕訣 How to care

● **澆水方式**
仙人掌本性耐旱、需水量較少，
又因種於玻璃杯中，建議以滴管
澆水較易控制水量。玻璃花房適
合採用氣壓式噴水壺澆水，提供
水分與溼度。

● **何時該澆水？**
玻璃花房每周噴水1～3次。仙人掌於春夏季生長期，
可每7~10天澆水1次，冬季時只需少許水分。

● **如何施肥？**
玻璃花房每1個月1次速效液態肥，如花寶1號，溶水
1000倍，可以保健植物。仙人掌於春夏季生長期間可
施用花寶1號速效液態肥，每月施用1次促進生長，冬
季休眠期則應停止施肥。

書櫃上的另類花園
Something Different on Bookcase

準備工作 Preparation

植物材料：
沙漠世界組合盆栽1個
玻璃花房組合盆栽1個

照顧工具：
滴管・氣壓式噴水壺

裝飾用品：
藍色餐墊2張・米色桌墊1張
藤球2個・彩繪花盆1個
海樹2片・小木框1個・貝殼數個

動手做做看
Step by Step

角落小花園

Step

1 書櫃檯面清空後，先鋪上米色桌墊，再分別將藍色餐墊斜鋪在檯面兩邊。 `01` `02`

2 梨子型玻璃花房先擺在檯面右方。 `03`

3 小木框置於玻璃花房左前側。 `04`

4 取一個藤球置於小木框中。 `05`

5 彩繪花盆放在小木框上，將另一個藤球放入盆中，再把海樹插入藤球中固定後，將藤球置入彩繪花盆中，一起擺到小木框上面。 `06`

6 將種在玻璃杯中的仙人掌放進藍色玻璃平盤，置於左邊的藍色餐墊上，另一種在大水杯中的仙人掌則擺在兩塊藍色餐墊中間。 `07`

7 將喜愛的照片擺在剩餘的空間處。 `08`

白紗簾後的祕密
Secret Behind the Veil

窗邊的角落，是個佈置室內小花園的理想地點，玻璃透明、光線明亮充足，有利植物生長與開花，置於角落處，也不會影響進出動線，成了絕佳的展示區域。

除了可擺置一些組合盆栽外，還可在角落放置一、二棵落地植物，為室內帶來更多的變化，並有助於室內空氣的淨化。

落地植物的選擇，應注意植株的外型，不宜選用枝葉外擴型的樹木，如棕梠類，除非室內空間廣闊，最好採用直立樹型的植物，如福祿桐、百合竹等，

示範設計中的落地植物為彩雲閣，主要取其特殊的外觀與造型。

由不同植物組合成的室內小花園，則擺置在旁邊的咖啡色藤編圓桌上，完成整體的窗邊造景設計。

搭配與概念

[米色+咖啡色餐墊]
與白紗窗非常搭襯，
而且可以突顯出桌面的藤編質感。

[香水文心蘭]
植株小巧、開有紅色
小花，鮮豔的花朵讓
整個桌面明亮起來。

角落小花園

[彩虹千年木]

紅色的條狀紋路與細瘦的枝幹，具有將視覺向上延伸的效果。

[人造西瓜藤]

人造的果實精緻迷你，
讓桌面頓時像個小果園般充滿豐富感。

[素燒小天使]

不加彩釉、維持粗顆粒質感，讓小天使顯得更加溫暖可愛。

[長春藤]

繁茂的枝條延著桌面垂盪而下，恣意舒展，
讓小天使彷彿在林間玩著捉迷藏遊戲。

照顧小祕訣 How to care

● **如何澆水？**
以長頸細嘴澆水壺澆水，並定期噴水
在葉面上。長春藤葉片茂盛，澆水時
應先將葉片撥開，再行澆水，以確實
將水澆入盆土中。

● **何時該澆水？**
一般春夏季室溫較高，每周澆水2～3
次。冬季時，每周澆水1～2次即可。

● **如何施肥？**
春夏季生長期間，每1個月施用2次速
效液態肥，如花寶2號或4號，溶水
1000倍促進生長；冬季期則每1個月施
用1次。文心蘭於生長期，可施用花寶
3號，溶水1000倍促進開花；另亦可施
用長效肥，如好康多，每3個月施用1
次補充養分。

白紗簾後的祕密 Secret Behind the Veil

準備工作 Preparation

植物材料：
長春藤1盆
香水文心蘭2盆
彩虹千年木1盆

選用盆器：
素燒盆2個
大小素燒底盤各1個

照顧工具：
澆水壺．噴水壺

裝飾用品：
米色系餐墊1張
咖啡色系餐墊2張
素燒小天使3個
人造西瓜藤2條

角落小花園

動手做做看
Step by Step

Step

1 藤桌上物品全部移至它處，將米色系餐墊直鋪於桌面中心處，再將咖啡色系餐墊斜鋪於米色系餐墊上。 `01` `02`

2 彩虹千年木及大底盤擺置於藤桌右後方處。 `03`

3 長春藤及小底盤置於彩虹千年木右側，並將藤蔓稍加整理，讓它們自然垂落。 `04` `05`

4 香水文心蘭連塑膠軟盆直接放進素燒盆中。 `06`

5 香水文心蘭的花梗較爲柔軟、容易下垂，可以利用迴紋針來固定花梗。先將迴紋針拉開成一直線，兩邊各勾住一隻花梗，然後再將迴紋針的兩邊向內擠壓，變成倒V字型。 `07` `08`

6 剪兩段西瓜藤，分別纏繞在香水文心蘭盆外，纏好西瓜藤的香水文心蘭擺在彩虹千年木左前方。 `09`

7 另一條西瓜藤則圍繞在藤桌前緣。 `10`

8 3個小天使放在空隙處，其中一個可放在長春藤藤蔓中。 `11` `12`

飛舞的空間
Dancing Space

對於大格局的居家空間來說，

除了有充裕的空間擺設較華麗的傢俱外，

更具備營造室內花園的優渥條件。

圖中示範設計是以沙發後面的長桌為基地，

營造一個以蘭花為主題的室內小花園，

使用的空間面積較大，植物延展的高度也相對升高，

可以展現空間美感，帶動居家氣氛。

白花紅心的蝴蝶蘭組合盆栽為室內花園的主題，

再輔以三盆黃綠色系的蝴蝶蘭，

並搭配翠綠茂盛的波士頓蕨完成整體架構，

雖然採用素雅的色彩，

但依然能為寬敞明亮的大空間帶來蓬勃朝氣。

搭配與概念

[優雅風華組合盆栽]
高度及質感都足為整個作品的焦點，
擺在空間的一端，有引領視覺延伸的效果。
若擺在正中間，只能落得呆板的結果。

[黃綠色蝴蝶蘭]
顏色明亮而柔和，
纖細的體型、適中的高度，
巧妙扮演著平衡中心點。

角落小花園

[米色桌巾]
簡單清爽，完整襯托出蘭花的艷麗色澤。

[金色藤球]
將植物界中不可能出現的金色、
與最木本質感的藤融合在一起，
是整組對比卻協調的作品的極致表現。

[樹皮木盒]
一直予人高貴優雅感的蘭花，
搭配樸質自然的樹皮質地木盒，卻顯得格外協調、毫不衝突。

[乾燥玫瑰花瓣]
整個作品最浪漫的表現，
就靠這些隨意卻搶眼的玫瑰花瓣了。

[波士頓蕨]
顏色深沉、植株茂密，
低矮的重心穩穩地撐住，
與高瘦的蝴蝶蘭成對比。

照顧小祕訣 How to care

● **如何澆水？**
蝴蝶蘭組合盆栽是以數盆小盆栽及3株
蝴蝶蘭組合而成，應以長頸細嘴澆水
壺每盆個別澆水。澆水時應將葉片撥
開、由植株基部澆水。波士頓蕨亦採
同樣方法澆水即可，並可定期為葉面
噴水。

● **何時該澆水？**
一般春夏季時室溫較高，每周澆水2～
3次。冬季時可每周澆水1～2次。

● **如何施肥？**
春夏季生長期間，每1個月施用2次速
效液態肥，如花寶2號或4號，溶水
1000倍促進生長；冬季則每1個月施用
1次。蝴蝶蘭可於生長期間施肥，如花
寶3號或濃縮花寶東西洋蘭液，溶水
1000倍促進開花。

飛舞的空間
Dancing Space

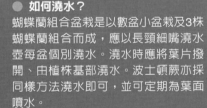

準備工作 Preparation

 +

植物材料：
優雅風華組合盆栽1盆 • 黃綠色蝴蝶蘭3盆
波士頓蕨1盆

照顧工具：
澆水壺 • 噴水壺

選用盆器：
樹皮木盒1個

裝飾用品：
米色桌巾1條 • 金色藤球4個
乾燥玫瑰花少許

動手做做看
Step by Step

角落小花園

Step

1 置於長桌上的物品全部移至它處，將米色桌巾鋪於桌面上。 `01` `02` `03`

2 蝴蝶蘭組合盆栽擺在長桌左側，並調整花面。 `04` `05`

3 樹皮木盒擺至長桌中心點、偏右側，將3株黃綠色蝴蝶蘭連塑膠軟盆直接放進木盒中，調整花面。 `06` `07` `08`

4 波士頓蕨置於長桌右側。 `09`

5 2個藤球擺在樹皮木盒裡、靠近黃綠色蝴蝶蘭葉片近花梗處，另外2個則分散擺在桌面上。 `10` `11`

6 桌面上撒下少許乾燥玫瑰花，完成。 `12`

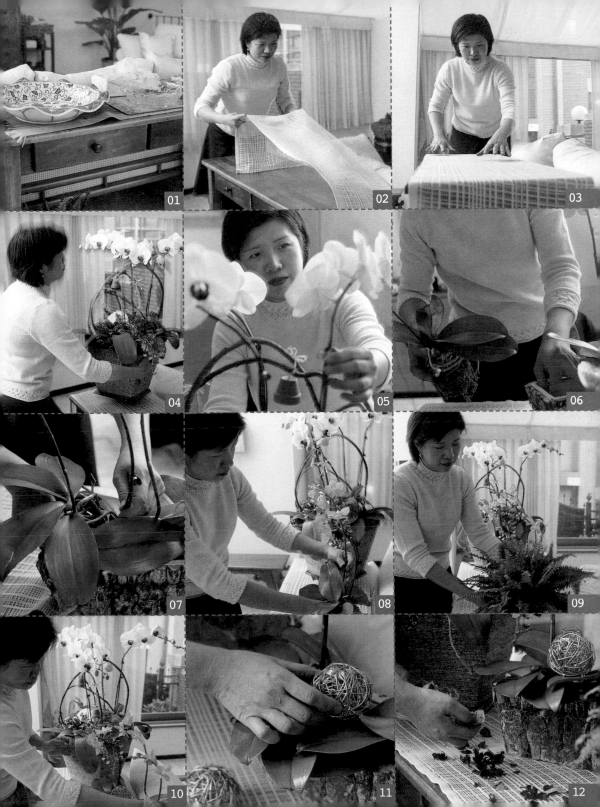

植物介紹

符號意義

- ☀ 需要充足的光照才會生長良好，南向窗台日照6小時以上為理想地點。
- ☀ 需要半日照或明亮散射光才會生長良好，東或西向窗台日照3小時以上為理想地點。
- ☁ 耐蔭，無需光直接照射、亦可生長良好。
- ♦ 盆土全乾再澆水澆透。
- ♦♦ 表層土壤乾了就須澆水。
- ♦♦♦ 表層土壤時時保持濕潤狀態，並定期葉面噴水保持植株周邊濕度。

文心蘭「夢鄉」/ Oncidium / 蘭科

原 產 地：	墨西哥～巴西，中南美洲
水　分： ♦	日　照： ☀
生長適溫：	15～25℃
土　壤：	細蛇木屑，盆底再加小磚粒或小礫石以利排水和通風。
注意事項：	小花品種耐旱、忌濕，不宜完全以水苔栽植以免爛根。 夏季忌烈日照射，冬春兩季可日曬半日，促進開花。

仙人掌類 / Cactus / 仙人掌科

原 產 地：	美洲亞熱帶區
水　分： ♦	日　照： ☀
生長適溫：	25～35℃
土　壤：	河砂混合細蛇木屑。
注意事項：	根系敏感，不宜常換盆。冬眠期土壤應保持乾燥。 窗台、屋簷栽培應常轉動方向，以免植株因向光性而彎曲。

仙女棒（猿戀草）/ Dancing Bones / 仙人掌科

原 產 地：	巴西
水　分： ♦	日　照： ☀ ☀
生長適溫：	22～28℃
土　壤：	細蛇木屑混合泥炭土和真珠石。
注意事項：	忌強烈日光直射，喜高溫。

白葉合果芋 / **Arrow Head Plant** / 天南星科

原 產 地：園藝栽培品種
水 　分： 　　日 　照：
生長適溫：20～28℃
土 　壤：富含腐植質壤土或排水良好的砂質壤土。
注意事項：忌強烈日光直射。
　　　　　　低溫來襲時應預防寒害，減少澆水。

竹吊草 / **Wondering Jew, Inch Plant** / 鴨拓草科

原 產 地：墨西哥
水 　分： 　　日 　照：
生長適溫：20～30℃
土 　壤：富含腐植質壤土或排水良好的砂質壤土。
注意事項：性喜高溫多濕，冬季應避風，保暖越冬。

合果芋 / **Arrow Head Plant** / 天南星科

原 產 地：墨西哥、哥斯大黎加、巴拿馬
水 　分： 　　日 　照：
生長適溫：20～28℃
土 　壤：富含腐植質壤土或排水良好的砂質壤土。
注意事項：忌強烈日光直射。
　　　　　　底溫來襲應預防寒害，減少澆水。

百萬心

原 產 地：園藝栽培品種
水 　分： 　　日 　照：
生長適溫：18～25℃
土 　壤：排水良好的砂質壤土。
注意事項：忌水多，水分過多時葉片易黃化。

沙漠玫瑰 (矮性雞蛋花) / **Desert Rose** / 夾竹桃科

原 產 地：園藝栽培品種
水　　分：💧　　日　　照：☀
生長適溫：25～35℃
土　　壤：排水性佳砂質壤土。
注意事項：因生長緩慢，宜施緩效性肥料，冬季休眠期勿施肥。
　　　　　冬季休眠期減少澆水，注意低溫來襲。

金線蓮 (金線蘭 · 山本石松) / 蘭科

原 產 地：東南亞，臺灣也有原生品種
水　　分：💧　　日　　照：☀
生長適溫：15～25℃
土　　壤：細蛇木屑。
注意事項：忌水多，盆底不可積水。
　　　　　注意通風。

拖鞋蘭 / **Slipper Orchid** / 蘭科

原 產 地：熱帶及亞熱帶地區
水　　分：💧💧　　日　　照：☀☁
生長適溫：20～30℃
土　　壤：水苔、蛇木屑、蛭石、泥炭土、珍珠石、椰殼等材料。
注意事項：忌強烈日光直射。

　　　　　夏季7～8月高溫期，盆內保濕即可，11～3月澆水量減少
　　　　　以防傷根。

　　　　　4月開始長新葉～10月下旬，每月施用2次稀釋2000倍的
　　　　　液肥。盛暑和冬季則停止施肥。

香水文心蘭 / **Onicidium Orchid** / 蘭科

原 產 地：園藝栽培品種
水　　分：💧　　日　　照：☀
生長適溫：15～25℃
土　　壤：細蛇木屑，盆底再加小磚粒或小礫石以利排水和通風。
注意事項：小花品種耐旱忌濕，不宜完全以水苔栽植，以免爛根。
　　　　　夏季忌烈日照射，冬春兩季可日曬半日促進開花。

非洲堇 / **African Violet** / 苦苣苔科

原　產　地：東非洲

水　　　分：🌢🌢　　日　照：☀

生長適溫：16～21℃

土　　　壤：富含腐植質壤土或排水良好的砂質壤土。

注意事項：明亮窗口有助於長期開花，但忌強烈日光直射造成葉片灼傷。

　　　　　澆水時勿澆到葉片上，否則會在葉片上產生難看的斑點。也勿讓葉叢中心部位積水而引起腐爛。

　　　　　全年都要持續施肥，可採少量多餐原則，每半個月施用稀釋1000倍速效性肥。

　　　　　開過的花應將它剪除以免消耗養分，葉片過茂時也應連同葉柄剪除一些。

鹿角蕨（糜角草．鹿角羊齒）/ **Stag's Horn Fern** / 水龍骨科

原　產　地：亞洲、澳洲、非洲和南美洲的熱帶雨林

水　　　分：🌢🌢　　日　照：☀☁

生長適溫：15～26℃

土　　　壤：盆栽宜採用細蛇木屑、水苔混合，附生栽培宜採用蛇木板、蛇木柱。

注意事項：忌強列日光直射。

　　　　　喜高溫多溼，但葉片上有一層防止水分蒸散功能的蠟質，故無須對葉片施以噴霧。

　　　　　最好的澆水方法是將植株浸在水中，吸足水後取再取出，1周1次。

　　　　　施肥方法可將肥料加入水中，讓鹿角蕨在吸收水分時，同時補充養分。

紅點草（嫣紅蔓）/ **Polka Dot Plant** / 爵床科

原　產　地：馬達加斯加、南非

水　　　分：🌢🌢🌢　　日　照：☀

生長適溫：20～28℃

土　　　壤：富含腐植質壤土但排水良好。

注意事項：忌強烈日光直射，但若光線陰暗不足會造成枝葉徒長，葉色變綠、斑點消退。植株需定期修剪以維持外型美觀。

迷你薜荔 （風不動‧石壁蓮） / **Creeping Fig** / 桑科

原 產 地：台灣、中國大陸、日本
水 　 分：💧💧💧 日　照：☀
生長適溫：22～28℃
土 　 壤：排水良好的砂質壤土。
注意事項：忌強烈日光直射。一旦失水應將整盆浸入水盆半小時，
　　　　　讓它再度吸飽水。失水嚴重時，葉片會脫落，並難以恢
　　　　　復原來飽滿翠綠。

彩虹千年木 / **Dracaena** / 龍舌蘭科

原 產 地：園藝栽培品種
水 　 分：💧 日　照：☀ ☀
生長適溫：20～28℃
土 　 壤：排水性良好砂質壤土。
注意事項：宜擺在明亮窗邊，若生長有衰退現象時（葉片紅色減
　　　　　褪），應移出室外接受日照一些時間、再移回室內。

雪荔 / **Creeping Fig** / 桑科

原 產 地：園藝栽培品種
水 　 分：💧💧💧 日　照：☀
生長適溫：22～28℃
土 　 壤：富含腐植質壤土或排水性良好砂質壤土。
注意事項：忌強列日光直射。失水嚴重時葉片脫落，難以恢復原來飽
　　　　　滿翠綠。一旦長出純綠葉片應立即剪除(光線陰暗時易長
　　　　　出綠葉)。

萊姆黃金葛 / **Potho** / 天南星科

原 產 地：園藝栽培品種
水 　 分：💧💧💧 日　照：☀ ☁
生長適溫：20～28℃
土 　 壤：富含腐植質壤土，排水性良好。
注意事項：忌強列日光直射。

植物介紹

蛤蟆海棠 / Rex Begonia / 秋海棠科

原 產 地：墨西哥、中美洲、南美洲、亞洲
水　　分：日　照：
生長適溫：20～25℃
土　　壤：富含腐植質壤土或排水良好的砂質壤土。
注意事項：忌強烈日光持直射及高溫多濕。
　　　　　澆水時勿澆到葉片上，盆底排水要通暢，否則易患病害。

蝦蟆草 / Friendship Plant / 香蒲科

原 產 地：哥倫比亞、哥斯大黎加
水　　分：日　照：
生長適溫：20～28℃
土　　壤：疏鬆的腐植質壤土。
注意事項：忌強烈日光直射。
　　　　　冬季呈半休眠狀態，應減少澆水，停止施肥。

斑葉長春藤 / Variegated Ivy / 五加科

原 產 地：歐洲、亞洲
水　　分：日　照：
生長適溫：15～22℃
土　　壤：排水性良好腐植壤土或砂質壤土。
注意事項：長春藤易受紅蜘蛛侵襲，選購時應仔細檢查葉片正反
　　　　　面，若葉片有白霧狀不要選購。定期植株葉面噴水提供
　　　　　濕度，也可減低紅蜘蛛的感染。

斑葉水竹草 / Wandering Jew, Inch Plant / 鴨拓草科

原 產 地：北美洲、南美洲、中美洲、南非洲
水　　分：日　照：
生長適溫：20～28℃
土　　壤：富含腐植質壤土。
注意事項：斑葉品種每日需2～3小時直射光，若室內無法提供自然
　　　　　直射光，可以日光燈做人工照明的補強。性喜高溫多
　　　　　濕，宜常噴水補充濕度，冬季注意低溫來襲。

迷你薜荔・彩虹千年木・雪荔・萊姆黃金葛
蛤蟆海棠・蝦蟆草・斑葉長春藤・斑葉水竹草

黃金捲柏 / **Creeping Moss** / 捲柏科

原 產 地：北美洲
水　　分：　日　照：
生長適溫：15～25℃
土　　壤：疏鬆肥沃腐植土壤，或50%細蛇木屑混合50%泥炭土。
注意事項：忌強烈日光直射，忌高溫乾燥。定期葉面噴水，並於盆底
　　　　　墊一個淺水盤，加水保持濕度。夏秋季溫度高，保持蔭涼
　　　　　通風，否則易造成莖葉腐爛。

鳳尾蕨 (鳳尾草・雞足草) / **Ribbon Fern** / 鳳尾蕨科

原 產 地：園藝栽培品種
水　　分：　日　照：
生長適溫：18～28℃
土　　壤：疏鬆肥沃之的腐植質土。
注意事項：忌強列日光直射，耐蔭。
　　　　　需常噴水或盆底墊一水盤，增加空氣中的濕度。

蜈蚣珊瑚 (怪龍・青龍) / **Centipede Plant** / 大戟科

原 產 地：熱帶美洲
水　　分：　日　照：
生長適溫：23～30℃
土　　壤：富含有機質的砂質壤土。
注意事項：栽植地點稍有隱蔽，葉色較美觀。

銀波草 / **Seersucker Plant** / 鴨拓草科

原 產 地：祕魯
水　　分：　日　照：
生長適溫：20～30℃
土　　壤：排水性佳砂質壤土。
注意事項：忌強烈日光直射，耐蔭性強。

開始擁有室內小花園

綠之玲 / **Sting of Beans** / 菊科

原 產 地：西南非洲
水　　分：💧　　　日　　照：☀
生長適溫：15～22℃
土　　壤：砂質壤土混合泥炭土。
注意事項：忌急劇溫度變化，攝氏10度以下應防凍寒發生，易造成
　　　　　落葉。

蝴蝶蘭 / **Phalaenopsis** / 蘭科

原 產 地：緬甸、菲律賓、台灣等熱帶亞洲地區
水　　分：💧　　　日　　照：☀ ☁
生長適溫：15～32℃
土　　壤：水苔。
注意事項：忌強烈日光直射。

　　　　　夏季高濕期，通風一定要良好。

　　　　　栽培介質忌珍珠石、蛭石等，易導至爛根。

　　　　　施肥應採少量、多次、薄肥，若肥料濃度過高會導至根腐
　　　　　黃葉。

　　　　　選購時應挑花莖粗壯、葉片肥厚挺拔無斑點，花瓣厚且不
　　　　　後翻、花朵排列整齊者。

嫣粉蔓 · 嫣白蔓 / **Polka Dot Plant** / 爵床科

原 產 地：馬達加斯加、南非
水　　分：💧💧💧　　日　　照：☀
生長適溫：20～28℃
土　　壤：排水性良好腐植壤土或砂質壤土。
注意事項：1天2～3小時日光直射，有助於葉片斑點及色彩的維
　　　　　持。植株需定期修剪，以維持外型美觀。

黃金捲柏・鳳尾蕨・珊瑚蜈蚣・銀波草
綠之玲・蝴蝶蘭・嫣粉蔓、嫣白蔓

薜荔 (風不動．石壁蓮) / **Creeping Fig** / 桑科

原 產 地：台灣、中國大陸、日本
水　　分：💧💧　日　照：☀
生長適溫：22～28℃
土　　壤：排水性良好砂質壤土。
注意事項：忌強列日光直射。一旦失水，應將整盆浸入水盆半小時，
　　　　　讓它再度吸飽水。失水嚴重時葉片脫落，並難以恢復原來
　　　　　飽滿翠綠狀。

嬰兒的眼淚 (玲瓏冷水花) / **Baby's Tears** / 蕁麻科

原 產 地：波多黎各
水　　分：💧💧　日　照：☀
生長適溫：20～28℃
土　　壤：富含腐植質壤土但排水良好。
注意事項：忌強烈日光直射。性喜高溫多濕，可多噴水補充濕度。冬
　　　　　季低溫呈半休眠狀態，葉色變淡，應減少澆水次數，待春
　　　　　季重新修剪一次，促進新生。

鐵線蕨 (少女的髮絲) / **Maidenhair Fern** / 鐵線蕨科

原 產 地：熱帶區、台灣也有原生品種
水　　分：💧💧💧　日　照：☀
生長適溫：22～30℃
土　　壤：排水性佳腐植質土。
注意事項：忌強烈日光持直射。喜高濕度應常噴水或盆底墊一個水
　　　　　盤。冷氣房內空氣乾燥，葉片易枯，不宜放在冷氣房
　　　　　中，否則需時時噴水。

觀賞鳳梨 / **Bromeliads** / 鳳梨科

原 產 地：南美洲、中美洲、墨西哥
水　　分：💧💧　日　照：☀
生長適溫：20～25℃
土　　壤：排水性良好砂質壤土或細蛇木屑混合泥炭土。
注意事項：澆水時可將葉筒中注滿水，可儲水供生長，但要注意勿
　　　　　導致腐爛。

植物介紹

全省花市資訊

【大型花市】

台北花市
地址：臺北市內湖區瑞光路321號
電話：(02)2659-5729
開放時間：04:00～12:00

台北建國假日花市
地址：台北市建國南北路高架橋下
電話：(02)2325-6995
現場服務台：(02)2702-6493
開放時間：每週六、日09:00～18:00

大台北花園廣場
地址：台北市文林北路153號
電話：(02)2821-3814
開放時間：08:00～18:00

林肯花市
地址：新竹縣竹北市東海里1鄰9-63號
電話：(03)550-0199
開放時間：08:00～17:00

台中市花卉批發市場
地址：台中市南屯區惠文路547號
電話：(04)2254-0058
開放時間：09:00～21:00

大里市農會國光花市
地址：台中縣大里市國光路二段100號
電話：(04)2482-6593
開放時間：周六、日09:00～18:00

彰化縣花卉批發市場
地址：彰化縣田尾鄉光復路二段583號
開放時間：10:00～22:00

高雄市勞工公園假日花市
地址：高雄市中山路與復興路口交叉口
電話：(07)332-6147
開放時間：周六、日09:00～18:00

【網站】

花寶愛花園igarden
http://www.igarden.com.tw/
除了提供各種知識詢問，還能線上訂購相關材料與道具，不出門也能享受佈置小花園的樂趣喔！

許多大型家飾連鎖店也開始流行園藝工具，如B&Q特力屋、生活工廠、IKEA等也都有設計專區展示相關園藝道具，其中不乏好用又有設計感的，多逛逛也許能挖到寶貝喔！

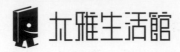

太雅生活館叢書 · 知己圖書股份有限公司總經銷

購書服務

● **更方便的購書方式：**

（1）信用卡訂購 填妥「信用卡訂購單」，傳眞或郵寄至知己圖書股份有限公司。

（2）郵政劃撥 帳戶：知己圖書股份有限公司 帳號：15060393

　　　　在通信欄中填明叢書編號、書名及數量即可。

（3）通信訂購 填妥訂購人姓名、地址及購買明細資料，連同支票或匯票寄至知己實業股份有限公司。

◎ 購買2本以上9折優待，10本以上8折優待。

◎ 訂購3本以下如需掛號請另付掛號費30元。

● **信用卡訂購單**（要購書的讀者請填以下資料）

書　名	數　量	金　額

□VISA　□JCB　□萬事達卡　□運通卡　□聯合信用卡

· 卡號 _____ · 信用卡有效期限 _____ 年 _____ 月

· 訂購總金額 _____ 元 · 身分證字號 _____

· 持卡人簽名 _____ （與信用卡簽名同）

· 訂購日期 _____ 年 _____ 月 _____ 日

· 電話（O）_____ （H）_____

· 地址□□□ _____

填妥本單請直接影印郵寄回知己圖書股份有限公司或傳眞（04）23597123

總經銷：知己圖書股份有限公司

◎ 購書服務專線：（04）23595819＃231 FAX：（04）23597123

◎ E-mail：itmt@morningstar.com.tw

◎ 地址：407台中市工業區30路1號

掌握最新的生活情報，請加入太雅生活館「生活技能俱樂部」

很高興您選擇了太雅生活館(出版社)的「生活技能系列」，現在只要將以下資料填妥後回覆，您就是太雅生活館「生活技能俱樂部」的會員。

017

這次購買的書名是：生活技能／開始擁有室內小花園 (So Easy 017)

1.姓名：＿＿＿＿＿＿＿＿＿＿＿　性別：□男 □女

2.出生：民國 ＿＿＿＿ 年 ＿＿＿＿ 月 ＿＿＿＿ 日

3.您的電話：＿＿＿＿＿＿　地址：郵遞區號□□□ ＿＿＿＿＿＿＿＿＿＿＿

　　E-mail：＿＿＿＿＿＿＿＿＿＿＿＿＿＿＿＿＿＿＿＿＿＿＿＿＿

4.您的職業類別是：□製造業 □家庭主婦 □金融業 □傳播業 □商業 □自由業
　　　　　　　　　□服務業 □教師 □軍人 □公務員 □學生 □其他＿＿＿＿

5.每個月的收入：□18,000以下 □18,000~22,000 □22,000~26,000
　□26,000~30,000 □30,000~40,000 □40,000~60,000 □60,000以上

6.您從哪類的管道知道這本書的出版？□＿＿＿＿報紙的報導 □＿＿＿＿報紙的出版廣告
　□＿＿＿＿雜誌 □＿＿＿＿廣播節目 □＿＿＿＿網站 □書展 □逛書店時無意中看到
　的 □朋友介紹 □太雅生活館的其他出版品上

7.讓您決定購買這本書的最主要理由是？ □封面看起來很有質感
　□內容清楚資料實用 □題材剛好適合 □價格可以接受
　□其他＿＿＿＿＿＿＿＿＿＿＿＿＿＿＿＿＿＿＿＿

8.您會建議本書哪個部份，一定要再改進才可以更好？為什麼？
＿＿＿＿＿＿＿＿＿＿＿＿＿＿＿＿＿＿＿＿＿＿＿＿＿＿＿＿＿＿＿

9.您是否已經開始創作自己的室內小花園？使用這本書的心得是？有哪些建議？
＿＿＿＿＿＿＿＿＿＿＿＿＿＿＿＿＿＿＿＿＿＿＿＿＿＿＿＿＿＿＿

10.您平常最常看什麼類型的書？□檢索導覽式的旅遊工具書 □心情筆記式旅行書
　□食譜 □美食名店導覽 □美容時尚 □其他類型的生活資訊 □兩性關係及愛情
　□其他＿＿＿＿＿＿＿＿＿＿＿

11.您計畫中，未來會去旅行的城市依序是？ 1.＿＿＿＿＿＿＿ 2.＿＿＿＿＿＿＿
　3.＿＿＿＿＿＿＿ 4.＿＿＿＿＿＿＿ 5.＿＿＿＿＿＿＿

12.您平常隔多久會去逛書店？ □每星期 □每個月 □不定期隨興去

13.您固定會去哪類型的地方買書？ □連鎖書店 □傳統書店 □便利超商
　□其他＿＿＿＿＿＿＿＿＿＿＿

14.哪些類別、哪些形式、哪些主題的書是您一直有需要，但是一直都找不到的？
＿＿＿＿＿＿＿＿＿＿＿＿＿＿＿＿＿＿＿＿＿＿＿＿＿＿＿＿＿＿＿

填表日期：＿＿＿＿ 年＿＿＿＿ 月＿＿＿＿ 日

太雅生活館　　編輯部收

106台北郵政53～1291號信箱
電話：(02)2880-7556

傳真：**02-2882-1026**
(若用傳真回覆，請先放大影印再傳真，謝謝！)

太雅生活館

創造生活的感受 · 學習優質的品味